电子和激光束下纳米结构的合成、生长与调控研究

郑文静　著

中国原子能出版社
China Atomic Energy Press

图书在版编目（CIP）数据

电子和激光束下纳米结构的合成、生长与调控研究 /
郑文静著. --北京：中国原子能出版社，2023.6

ISBN 978-7-5221-2777-4

Ⅰ. ①电… Ⅱ. ①郑… Ⅲ. ①石墨烯–光化学反应–
研究 Ⅳ. ①TB383

中国国家版本馆 CIP 数据核字（2023）第 164260 号

内 容 简 介

电子和激光束下纳米结构的合成、生长与调控研究

出版发行	中国原子能出版社（北京市海淀区阜成路 43 号　100048）
责任编辑	张　磊
责任印制	赵　明
印　　刷	北京金港印刷有限公司
经　　销	全国新华书店
开　　本	787 mm×1092 mm　1/16
印　　张	9.125
字　　数	160 千字
版　　次	2023 年 6 月第 1 版　2023 年 6 月第 1 次印刷
书　　号	ISBN 978-7-5221-2777-4　　　**定　价**　**66.00 元**

网址：**http://www.aep.com.cn**　　　E-mail：**atomep123@126.com**
发行电话：**010-68452845**

作者简介

郑文静，女，汉族，1987年9月出生，籍贯为河北省邯郸市。毕业于天津大学材料科学与工程学院材料学专业，博士研究生学历。现就职于中北大学，讲师，主要从事纳米材料的设计、合成及其在光/电催化方面的应用和原位液体透射纳米材料的生长和转变的研究工作。主持山西省基础研究项目 1 项，先后在 *Nano Research*、*Chemical Communications* 等杂志发表相关论文多篇。

前 言

　　电子束和激光束是两种典型的高能效、无污染的载能束，电子束和激光束均能诱导化学反应，合成或调控纳米材料。对这两种载能束在材料合成过程中的影响机理进行深入研究，有利于开发新型的合成工艺，获得独特的材料形貌和结构，最终提升材料的物理化学性能。

　　基于此，本书深入研究了电子束和激光束对材料的合成的调控机理，并对比分析了两种载能束的异同。

　　首先，利用电子束极性与磁性介质相互作用，诱导和促进二维铁的氧化物纳米分级结构（枝晶和球粒）的生长和结晶。通过原位液体透射电镜观察纳米枝晶的形成，尖端曲率越大，生长速率越快；前驱体扩散/耗尽速度越小，形貌越不对称；边缘处尖端曲率大于中心处尖端曲率时尖端分裂；通过观察纳米球粒的形成，尖端宽度达到 5.5~8.5 nm 时，尖端分裂；分支前端的第二相形核后期生长为径向分支，而前端的沉积层随着反应时间的增加而逐渐增大。球粒的径向生长速度在前期为线性生长，而后期由于前端变化及溶液中前驱的消耗等，导致其生长速度为非线性变化。同时研究纳米分级结构的晶体转化，由非晶转化为水合三氧化二铁和四氧化三铁晶体。以上发现对设计和合成复杂结构纳米材料具有启迪作用。

　　其次，利用电子束造成的空间电荷极化和局部电场增强效应，诱导和调控铅核壳纳米颗粒在类液态非晶相和晶体相之间的可逆相转变。研究发现可逆相转变与电子束能量大小相对应，并计算证明了三甘醇及其衍生物的关键作用：当电子束能量密度较高时，大量 CH_3O 片段产生，并倾向于与铅反应形成非晶相；当电子束能量密度较低时，CH_3O 片段倾向于与 C_2H_4O 结合形成三甘醇，非晶相中的铅原子恢复为铅纳米晶的核，壳层为非晶相。这种可逆的相转变也可以在其他系统中实现，为催化等过程中纳米材料相转变的解释提供新的思路。

　　再次，利用激光的光效应，诱导光化学反应合成 Ni/Co/Cu 基二维金属有机框

架结构并应用于 CO_2 光催化。激光辐照前驱体溶液，三甘醇及金属盐吸收激光，合成以金属团簇为活性位点的二维 MOF 结构。通过 CO_2 光还原测试，发现该类催化剂实现了极高的碳产物的转化效率，且液体产物（甲酸和乙酸）占主要成分，激光合成的 Ni 基催化剂具有最高的产率，C_2 产物的选择性也高达 54.55%。

最后，利用激光选择性烧蚀反应，诱导石墨烯的分子断裂及邻近氮原子的掺杂，实现选择性氮掺杂石墨烯，并提高其电解水产氢性能。以石墨烯为碳源都难以控制或者难以实现氮掺杂。而以氧化石墨烯和氨水作为原料，可实现高比例的吡啶氮掺杂（51%），提升了催化剂对活性 H 的吸附，从而有效地提升了电催化产氢性能。

本书选题新颖独到，结构科学合理，内容丰富翔实，对纳米材料相关领域的研究工作具有一定参考价值，可作为有关专业科研学者和工作人员的参考用书。

笔者在本书的撰写过程中，参考引用了许多国内外学者的相关研究成果，也得到了许多专家和同行的帮助和支持，在此表示诚挚的感谢。由于笔者的专业领域和实验环境所限，加之笔者研究水平有限，本书难以做到全面系统，谬误之处在所难免，敬请同行和读者提出宝贵意见。

目　录

第 1 章

绪 论

1.1 本章引言

　　纳米材料是指三维空间中至少有一维属于纳米尺度或由它们作为基本单元构成的材料。按照纳米结构被约束的空间维数，纳米材料可以分为 3 种：零维纳米团簇或颗粒、一维纤维状纳米结构和二维纳米片层结构。由于受尺寸影响，纳米材料具有宏观材料所不具备的表面与界面效应、小尺寸效应、量子尺寸效应和宏观量子隧道效应，从而使其具有特殊的力、电、光、磁、热等物理化学性能，这些特性使纳米材料在能源、生物等领域具有广泛的应用。

　　电子束和激光束均是高能效、无污染的能量源，能量密度远高于其他热源。无论是电子束的电能还是激光束的光能，均能被材料表面吸收，使材料在极短的时间内产生物理、化学或者相结构的转变。大功率电子束或激光束的加热效应等，能够用于材料的加工，选择性反应或活化溶剂等效应，能够实现对材料的改性，以及诱导化学反应，实现纳米材料的合成和调控等。

　　在材料加工方面，电子束和激光束加工都属于高能密度束流加工技术，其能量密度在同一数量级，远高于其他热源，同时它们与材料的作用原理也极其相似。电子束加工是指在真空条件下，电子枪产生的电子经加速、聚焦后形成高能量密度束流，经高速冲击工件表面，迅速将电子的动能大部分转换为热能，从而使材料局部熔化或蒸发以达到加工目的。激光束加工是利用原子受激辐射的原理，使物质受激而产生波长相同、方向一致和强度极高的光束。通过光学系统将激光束聚焦尺寸与波长相近的高能量密度光斑，使材料瞬间熔化和蒸发。两种加工方式均具有功率大、

1

能量利用率高等特点。电子束加工在真空中进行，具有无反射、真空无污染等特征；激光束加工可以在空气中进行，不受空间结构的限制，适用于大型工件的加工。

在纳米材料改性方面，电子束和激光束均具有独特的优势。电子束与激光束均能选择性与官能团或者材料反应，改变材料的分布、形貌等，它们的强度和辐照时间对其改性具有深远影响。此外，特定条件下的电子束辐照有利于提高材料的结晶性，提升材料的性能；而不同波长的激光能够选择性地与材料作用，产生不同的反应效应，从而减小尺寸、提高分散性等。例如，绝缘的 C_{60} 薄膜在电子束辐照后，得到了花生形状的 C_{60} 材料，且表现出一定的金属性[1]。1 064 nm 的红外激光选择性地与非晶碳反应，打破了金刚石间的非晶连接键，提高了金刚石的分散性[2]。

在诱导化学反应合成纳米材料方面，电子束和激光束均能起到活化或者激发材料，诱导或促进化学反应的作用，从而促进纳米材料的合成。但是，电子束和激光束与材料相互作用的机制有所差别，且影响因素有所不同。电子束中的电子带负电，具有一定的极性，当电子束辐照材料时，将能量转移给被辐照的材料，产生电离和激发，释放出轨道电子，形成自由基，从而能够诱导反应；激光束中的光子是中性粒子，当激光束辐照材料时，将能量转移给被作用的材料，产生热能或诱发分子的光化学反应，从而诱导纳米材料的合成。此外，电子束的极性作用能够与材料产生的磁场、电场等相互作用，促进氧化反应和表面原子扩散等；而激光束具有选择性烧蚀作用。下面小节中将分别对电子束和激光束在液相体系中诱导或促进化学反应合成纳米材料的研究现状和机理进行详细综述。

1.2　电子束诱导化学反应合成纳米材料

电子束是利用电子枪中产生的电子在阴阳极间的高压加速电场作用下被加速至很高的速度，经透镜汇聚作用后，形成密集的高速电子流。电子束辐照不同的体系时，其热效应、动能传递或者电离效应会发生不同程度的作用，诱发化学反应合成纳米材料，而液体环境能够提供更多的活性分子等，有利于多种产物的获得。此外，电子束的能量、强度等因素也对其具有较大影响。

当电子束辐照液相体系时，对材料进行充电，产生一些活性基团或者分子片段，改变溶液的 pH 和分子强度等，诱导纳米材料的生长或降解等。因此，可以通过研究纳米材料在电子束辐照下的生长或降解过程，理解电子束对辐照体系环境的改变，从而更好地利用电子束辐照合成或者研究纳米材料。

透射电子显微镜（TEM）是利用电子束与样品相互作用时产生的不同电子信息进行形貌和组分等分析，如图 1-1 所示，利用这些电子信号，可以实现成像，用于多种样品形貌和成分的表征和分析。TEM 中高能聚焦电子束具有可以非热激活和诱导纳米材料的合成、原位高分辨观察纳米结构的变化、易于聚焦到纳米或纳米以下尺度范围并对纳米材料进行原位的辐照调控、不会为辐照材料带来一些不想要的杂质等优点。因此，以透射电镜中高能电子束作为外来刺激源，研究电子束诱导的纳米材料的生长及机理等具有独特的优势。而利用原位液体透射电镜观察液相纳米材料的变化，从而推断电子束辐照情况下液体的变化以及纳米材料的转化机理等，能够直接观察到纳米材料的生长、转变的过程，具有其他原位手段不具备的优势。

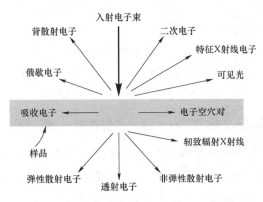

图 1-1　高能电子束作用薄样品时产生的信号[3]

通过将微纳加工等技术与透射电镜相结合，原位透射电镜技术得到了长足的发展。原位 TEM 能够实现对纳米材料动态变化过程中纳米材料形貌、尺寸、界面、化学成分等信息的实时观察和记录。随着纳米加工技术的发展，液体池的加工技术得到长足发展，液体 TEM 在各个领域迅速发展，如材料学、化学、物理、生物等方面[4,5]，吸引了大量研究者的注意力。被广泛应用于研究纳米颗粒的形核与生长[6-8]；纳米颗粒在液体中的运动[6-9]；电化学驱动的沉积、刻蚀、电子转移等[10-13]；液滴和气泡的形成[14,15]；生物矿化[16]；有机材料[17,18]；生物材料，如水溶液中的蛋白质和细胞[19-21]等。液体通常具有较高的蒸气压，但是由于在 TEM 中为了尽量降低电子束在非样品区域的散射，样品室需要维持真空状态。由于需要处于高真空状态，液体样品难以在这样的条件下稳定存在。因此，液体 TEM 的基本思路就是将液体样品密封，与电镜中的高真空状态隔离开，经过最早期使用薄铝箔[22,23]，到目前使用的如图 1-2a～图 1-2c 所示的 SiN$_x$/Si 液体池[6,10,19]和如图 1-2d 所示的石墨烯液体池[24]等。

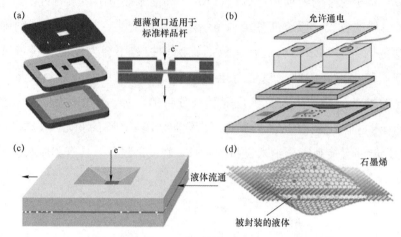

图 1-2 不同类型的液体池：

（a）SiN$_x$ 窗口的自支持液体池，能够在标准 TEM 样品杆使用[6]；（b）内部带有电极的电化学液体池[10]；

（c）流动液体池[19]；（d）石墨烯液体池[24]

对比石墨烯液体池和 SiN$_x$/Si 液体池，石墨烯极其薄，能够实现极高的分辨率，但是氮化硅（SiN$_x$）窗口具有更强的机械强度、稳定性和较低的图像对比度，同时氮化硅液体池可以改进加入偏压、加热、冷却等操作，因此，氮化硅液体池依然具有广泛应用。最普遍的原位液体池依然是利用带氮化硅窗口的芯片对液体进行封装，通过 TEM 进行原位观察。结合电镜中的扫描透射电镜（STEM）、电子能量损失谱（EELS）、X 射线能谱分析（EDS）、选区电子衍射（SAED）等技术，对液体池中的液层厚度、纳米材料的动态变化、产物的成分以及电子束对材料合成的影响等进行更多方面的表征和研究。本研究主要利用氮化硅窗口的液体池，在原位液体透射电镜下观察和研究纳米材料的生长和转变。

电子束辐照溶液体系时，对不同的溶剂将产生不同的影响。当电子束辐照水溶液时，活化水分子，产生大量分子片段或活性基团，从而改变溶液 pH 或者诱导不同的反应发生。而电子束辐照有机溶剂时，不同的有机溶剂会产生不同的变化，活化溶剂或者直接还原金属盐，对于每种环境需要特定分析，还难以形成定论，因此，通过原位液体透射电镜研究有机溶剂中的纳米材料的变化，从而推断电子束对有机液体环境的作用。下面重点介绍电子束对溶液的作用机理和研究现状，以及利用原位液体透射电镜观察液体溶剂中纳米材料的生长和转变，从而推断电子束对溶剂的作用。

1.2.1　电子束辐照水溶液体系诱发反应合成纳米材料

电子束辐照水溶液，活化和激发水分子，产生大量分子片段或活性基团，具体方程式如下：

$$H_2O \rightarrow H_3O^+, \ OH\cdot, \ e_{aq}^-, \ H\cdot, \ OH^-, \ H_2O_2, \ H_2, \ HO_2\cdot \qquad (1\text{-}1)$$

当 pH 大约为 3 时，形成大约等量的氧化和还原自由基[25]。方程式（1-1）中，有些自由基具有很强的氧化性或者还原性，例如，在中性条件下，水合电子 e_{aq}^- 和氢自由基 $H\cdot$ 的标准还原电位分别是 -2.9 V 和 -2.3 V，具有很强的还原性；而氢氧自由基 $OH\cdot$ 的标准还原电位是 1.8 V，具有很强的氧化性[25]。有些条件下，可以选择电离产物的种类[26]，最主要的几种因素如下：一是由于溶质浓度高引起的额外的竞争反应[27]；二是溶液中存在牺牲剂[28]，会消耗某一种或者某几种电离产物，如醇类牺牲剂能够与氢氧自由基 $OH\cdot$ 反应；三是改变溶液 pH[28]。此外，环境或者溶液中溶解的氧气 O_2 也会消耗一定的水合电子 e_{aq}^-。

利用电子束电离产生的不同分子片段，通过添加牺牲剂、调控 pH 或者调整溶质种类和浓度来调控产物的种类，可以用于还原金属盐前驱体，制备金属纳米颗粒或者复合材料。其反应机理为电子束辐照前驱体溶液，激发溶剂离子化，进一步与金属离子反应得到金属团簇，具体反应机制如下：首先，电子束辐照金属盐的水溶液，得到大量的自由基，如方程式（1-1）所示；然后，水合电子 e_{aq}^- 或氢自由基 $H\cdot$ 将金属离子还原，得到金属原子，如方程式（1-2）和方程式（1-3）所示；而产生的氢离子 H^+ 和羟基自由基 $OH\cdot$ 与牺牲剂反应。

$$M^+ + e_{aq}^- \rightarrow M^0 \qquad (1\text{-}2)$$

$$M^+ + H\cdot \rightarrow M^0 + H^+ \qquad (1\text{-}3)$$

溶液中的牺牲剂大部分选择醇类，如聚乙烯醇、异丙醇等，异丙醇与羟基自由基 $OH\cdot$ 的反应如方程式（1-4）所示，所得到的产物是一个具有还原性的活性物质，能够还原金属离子。中性水溶液体系中是否添加牺牲剂，对产物的形貌具有一定的影响。当溶液中没有牺牲剂时，合成中空的银纳米颗粒，而当溶液中异丙醇作为牺牲剂时，得到银纳米颗粒[29]。

$$OH\cdot + CH_3CHOHCH_3 \rightarrow H_2O + CH_3C\cdot OHCH_3\cdot \qquad (1\text{-}4)$$

利用以上反应机制，可以用于制备金属纳米颗粒，包括贵金属金、银、铂等；活泼金属钛、镉、铜等；以及非贵金属钴、镍等。贵金属纳米材料的制备较容易，对溶液的 pH 要求不严格，在酸性条件、中性条件和碱性条件下都可以制备出来，如利用电子束辐照硝酸银的水溶液，制备银纳米颗粒，如图 1-3 所示[30-32]；利用电子束辐照氯金酸溶液，制备金纳米颗粒[33]。对于辐照还原活泼金属纳米材料的情况，由于其活性太强，研究相对较少。而非贵金属纳米材料的制备较为困难，需要保证几个条件：第一是辐照溶液在碱性条件下，因为碱性条件可以降低 H_3O^+ 的浓度，避免水合电子被消耗，影响水合电子对金属盐的还原；第二是加入足够的牺牲剂，如异丙醇、聚乙烯醇等，以消耗溶液中的羟基自由基，保持其浓度极低，防止还原产物重新被氧化；第三是提高金属离子浓度，以利于还原产物的聚集成核和颗粒长大；第四是加入表面活性剂，控制颗粒的尺寸，以防纳米颗粒尺寸过大；第五是保证溶液处于惰性环境，增加溶液稳定性。如电子束辐照镍盐的水溶液，合成镍纳米颗粒[34]。

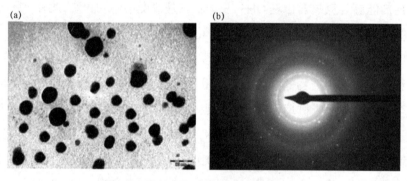

图 1-3　电子束还原制备银纳米颗粒：
（a）透射电镜图片；（b）选区电子衍射图片[30]

同时，还可以利用该反应机制，制备基底负载金属纳米颗粒，如利用电子束辐照含有银种子的氯化钯水溶液，制备银负载钯纳米颗粒的复合材料[29]。此外，也可以利用该反应机制，同时还原两种金属盐，用于制备复合纳米材料。如 Ag/Cu_2O，如图 1-4 所示[35]，水合电子 e_{aq}^- 和氢自由基 $H\cdot$ 与 Ag 离子和二价铜离子反应，将两者分别还原得到 Ag 原子和一价铜离子，最终银原子形成银纳米颗粒，而一价铜离子在碱性环境中与 CuOH 反应，脱水后形成氧化亚铜。

利用原位液体透射电镜研究水溶液中纳米颗粒的生长和运动等，有利于了解电子束对水溶液、金属盐等的影响。Zheng 等[9]利用原位液体透射电镜观察了金纳米晶在水溶液中的运动，并探究了电子束对纳米晶和溶液体系的影响。作者提出，电子束对溶液的影响主要通过 3 种模式实现，分别是加热、动能传递及电子充电等。

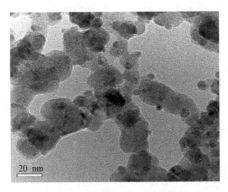

图 1-4　Ag/Cu$_2$O 纳米复合材料的透射电镜图片[35]

通过计算电子束强度变化，并结合计算，证明电子束的热效应和动能传递对金纳米颗粒的运动起到一定作用，但是，与纳米晶的实际运动相比，该作业是可以忽略的。Woehl 等[36]利用原位液体透射电镜观察水溶液中银纳米晶的合成，并通过调控电子束等对银纳米晶的形核速率及形貌进行研究，如图 1-5 所示。研究发现，电子束强度与还原剂强度的作用类似，在较低强度电子束辐照作用下，反应控制纳米晶形核生长，最终得到平面结构；而在较强电子束辐照作用下，扩散控制纳米晶的生长，最终得到球形结构的纳米晶。经过进一步探究[37]发现，加速电压、电子束强度、采集图片模式等对溶液中纳米结构的生长均有一定影响。而详细研究表明[38]，增加电子束强度，纳米晶生长速度降低，可能是由于电子束强度的增加，增大了氧化基团的浓度，中和还原基团，从而降低了前驱体的还原。

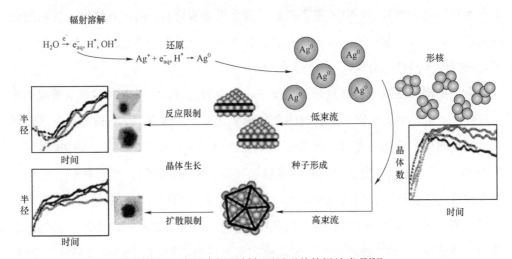

图 1-5　电子束辐照制备不同形貌的银纳米晶[36]

在水溶液体系中，电子束对水溶液的电离效应产生大量活性基团，改变溶液环境，从而诱导和调控纳米晶的合成。其中，前驱体的浓度、电子束的强度等都对纳米晶的形貌产生一定的影响，而电子束的不同效应对纳米晶的运动产生一定的影响，但是与纳米晶本身的运动相比，这些影响都比较微弱，可以忽略。相比而言，在有机溶剂体系中，利用电子束制备纳米材料的情况十分复杂，还难以形成定论。下一小节将对电子束辐照有机溶剂体系的研究情况进行综述。

1.2.2　电子束辐照非水溶液诱发反应合成纳米材料

电子束辐照有机溶剂体系时，会对有机分子产生电离等效应，并且不同有机溶剂会产生不同的活性基团。大部分有机溶剂受电子束辐照后会产生大量复杂的混合物，常见的包括一些氢分子、小分子、聚合分子，甚至还包括一些更大的聚合物，但是产生的片段和数量都与溶剂的环境等因素息息相关。同时，电子束强度等因素也对产物具有一定影响，因此，对于有机溶剂中产物的种类和比例的研究有限，且不同条件下产物不同。而纳米晶的形成机理对于了解、设计和可控合成纳米颗粒具有重要作用。液体 TEM 为观察纳米晶的变化过程提供了重要手段，在有机溶剂中，通过纳米材料的形核、生长及转变推断电子束在诱导化学反应，研究液体环境中合成纳米材料的机理。

大量研究通过液体原位透射还原金属盐等合成纳米颗粒，以及观察纳米晶的生长与转变等。本小节主要分为两部分进行综述：第一部分是在长链复杂有机溶剂中，电子束对溶剂影响较小，电子束还原金属盐合成纳米材料，用于观察纳米材料的合成机理；第二部分是关于小分子有机溶剂及醇类物质在电子束作用下，产生活性分子，诱导纳米材料的合成。

电子束辐照油胺等长链复杂有机溶剂中的金属盐时，电子束对溶剂电离或加热效应较小，可以用于观察纳米材料的生长和变化等。2009 年，Zheng 等[6]在研究 Pt 纳米颗粒的生长机制时提出，Pt 原子可能通过电子束直接入射电子，将 Pt 离子还原为 Pt 原子，此外，电子束的热效应也起到加速和辅助作用；重点观察了单个 Pt 纳米颗粒的生长轨迹和生长机理，为单体吸附和颗粒团聚两种生长模式，如图 1-6 所示。第一排颗粒是通过单体原子的吸附而不断长大，TEM 衬度均匀，因此推断其为单晶结构；而第二排是两个纳米颗粒团聚形成的，该过程中颗粒形貌发生改变，且 TEM 衬度不均匀，推断该过程中发生重结晶，最终形成单晶纳米颗粒。该工作受到了纳米颗粒生长等领域研究人员的广泛关注，随后，大量使用液体 TEM 观察纳米颗粒生长等方面的工作陆续发表。

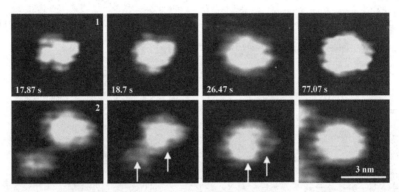

图 1-6 两种不同生长模式的对比图（该图将原始 TEM 图片放大了 1.5 倍，第一排为单体吸附，第二排为颗粒团聚，箭头标出了重结晶，图的放大倍数相同）[6]

2012 年，Liao 等[7]使用液体 TEM 观察 Pt$_3$Fe 纳米颗粒原位生长成纳米链状的过程，如图 1-7 所示。前驱体溶液在电子束辐照下，首先还原金属盐得到金属原子；然后金属原子通过单体吸附和颗粒团聚的方式逐渐长大到纳米颗粒，并逐步连接在一起，形成链状结构，但取向并不一致；随后，排列成链状的纳米颗粒通过不断矫正，最终形成了取向一致的单晶纳米链。Powers 等[39]通过观察和计算分析纳米链的形成过程，发现纳米颗粒的自组装是由于长程各向异性的电偶极力和近程范德华力相互作用而形成疏松的链状结构。

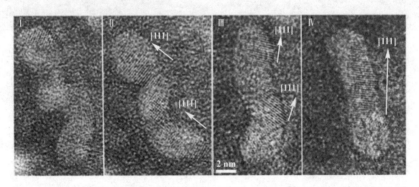

图 1-7 纳米颗粒链状结构形成过程的 HRTEM 图片（图的放大倍数相同）[7]

2014 年，Liao 等[40]观察了 Pt 纳米立方体的生长，如图 1-8 所示。通过跟踪每个晶面的变化情况，发现初始阶段低指数晶面的生长速度相似；而当其生长到一定阶段后，{100}晶面停止生长，其他晶面继续生长，通过计算发现{100}晶面停止生长是由其表面配体修饰导致的；在最后阶段，只有{111}晶面继续生长，直到其生长为一个完整的立方体。该文章为表面活性剂对纳米颗粒生长的影响提供了直观依据。Park 等[41]使用球差电镜观察石墨烯液体池中 Pt 纳米晶的生长与三维方向的原子结构，揭示了纳米晶的三维生长具有位点选择性，由于{111}晶面低表面能及低活性剂覆盖，有利于纳米晶的吸附和生长。

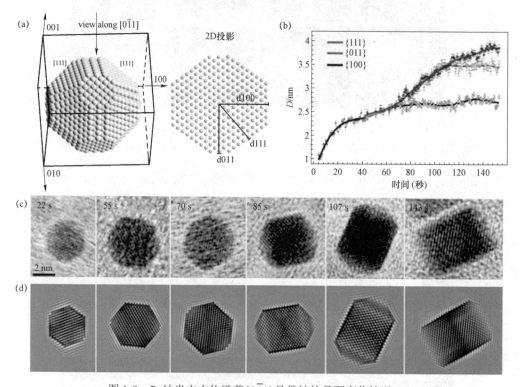

图 1-8　Pt 纳米立方体沿着[0$\bar{1}$1]晶带轴的晶面变化情况：

（a）截角 Pt 纳米立方体的原子模型及其投影；（b）每个晶面生长的距离与时间的函数关系；

（c）Pt 纳米晶生长的 HRTEM 图片，图中标尺相同；

（d）根据图（c）计算的 TEM 图片，图中标尺同图（c）[40]

　　除了复杂有机溶剂中电子束的辐照电离作用较小，对于部分小分子有机溶剂，电子束的辐照也会产生类似水溶液中的电离效应，诱导纳米材料的生长，最常见的溶剂为醇类溶剂[42]。当电子束辐照醇类溶剂时，会产生 H_x、CH_x、C_xH_y、CH_yO、C_xH_yO 等不同种类的产物，其中 x 和 y 值是能够随醇的种类和辐照条件变化的数值，而在辐照小分子的醇类中，主要产生水合电子 e_{aq}^- 和失去一个 H 的活性体，如电子束辐照异丙醇时，得到水合电子 e_{aq}^- 和活性体$(CH_3)_2 \cdot COH$ 等活性基团，有利于诱导纳米材料的生长。Mostafavi 等[43,44]在甲醇、异丙醇、乙二醇等溶剂中合成银纳米颗粒，其反应机制与水溶液中还原银离子合成银纳米颗粒类似，甲醇溶液中还原银离子制备银纳米颗粒的过程和机制如图 1-9 所示。

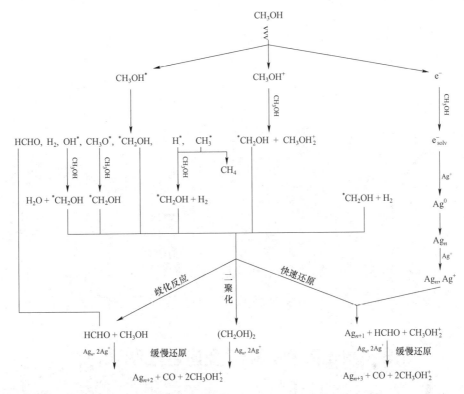

图 1-9　甲醇溶液中还原银离子制备银纳米颗粒的方程式[43]

此外，电子束的强度对于混合金属盐溶液中的还原具有不同的影响[45]。当电子束强度较低时，还原速度较慢，得到核壳纳米颗粒；而当电子束强度较高时，还原速度较快，得到合金纳米颗粒。反应的过程如图 1-10 所示。

当电子束在长链复杂有机溶剂中作用较小时，除了合成贵金属等材料、观察材料的原位生长等、研究纳米材料的形成机理，当形成的纳米材料为磁性物质时，电子束作为带电的极性能源与磁性材料可能产生相互作用。

电子束辐照水溶液中混合金属盐，电子束的强度对产物的种类具有影响，但是，电子束强度对液体中纳米颗粒是否会有影响以及会产生什么影响，目前还没有详细的研究。

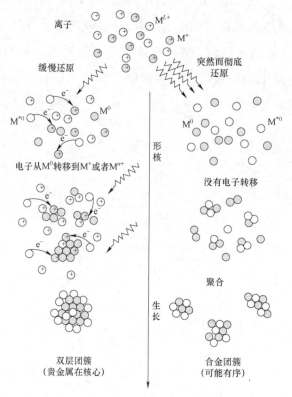

图 1-10　不同强度电子束对混合金属产物的不同影响[45]

1.3　激光束诱导化学反应合成纳米材料

激光是指为原子受激辐射所产生的光，其产生机理为原子中的电子吸收能量后从低能级跃迁到高能级，再由高能级回落到低能级的时候，所释放的能量以光子的形式放出。自 1960 年 Maiman[46]在美国休斯实验室发明了世界上第一台激光器以来，激光就广泛应用在各种科学技术中，主要涉及激光物理、等离子体物理、固体与半导体物理、热力学等广泛的学科领域。

激光作用于物体表面时，物体表面将吸收大量的激光能量，它能在极短的时间内使材料加热、熔化、气化或者发生相变。此外，也可以通过控制靶材周围的环境，如不同溶液等，使激光作用产生的材料迅速冷凝，靶材在降温过程中形核生长，最终形成各种纳米材料。激光法为纳米材料的制备和研究提供了一种新的思路和方法，并展示出巨大的技术优势，促进新型纳米材料的研究和发展。

随着人们对激光光子与原子或分子的作用机理的探究，传统的化学领域也随之发展，进而得到了一个全新的分支领域，即激光化学：通过探测原子或分子在激光作用下发生的变化，探寻到化学反应或某些生命过程中最本质的奥秘，如图 1-11 所示[47]。

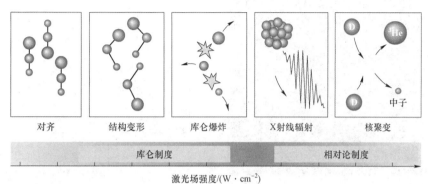

对齐　　结构变形　　库仑爆炸　　X射线辐射　　核聚变

库仑制度　　　　　相对论制度

激光场强度/(W·cm⁻²)

图 1-11　分子或团簇在强激光辐照下发生的变化[47]

激光液相法主要包括激光液相烧蚀法和激光液相化学法。

1.3.1　激光液相烧蚀法

激光液相烧蚀法是一个非常复杂的过程。简单来说，就是利用一束高能脉冲激光烧蚀某一介质中的固体靶材，靶材表面吸收激光能量，导致温度升高，使靶材在脉冲的瞬间被加热到融化、气化、喷溅、等离子化等状态，如图 1-12 所示[48]，从而产生大量包括原子、分子、电子、离子、团簇、微粒、熔化的液滴等物质，这些产物在高温、高压、密闭状态下迅速与环境气体分子（或液体分子）碰撞、混合、反应，最终在冷凝结晶过程中形核、生长，形成纳米颗粒或是在基底上沉积一层薄膜[49,50]。

激光液相烧蚀法是指在液体介质中进行的激光烧蚀，由于液体环境对等离子体向外膨胀的限制，产生额外的液体反作用力，使得等离子体的温度和压强进一步升高。此外，液体介质的导热系数较高，使得热量能够更快地被消耗，从而更快地冷却，这样的淬火效应会使产物趋于形成球形并可保留高温稳定相。1993 年，Fojtik 和 Neddersen 等[51,52]利用脉冲激光烧蚀不同溶剂中的纯金属靶材，合成了分散在胶体溶液中的金属纳米颗粒，反应装置如图 1-13 所示，这掀开了采用激光液相烧蚀法制备纳米颗粒的新篇章。之后，激光液相烧蚀法在制备纳米材料方面得到快速发展，成为一种合成金属、半导体及高分子纳米颗粒的重要手段。

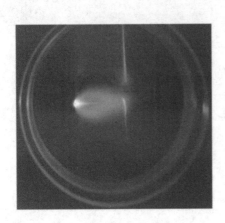

图 1-12 激光辐照 SrRuO$_3$ 靶材溅射出来的
等离子体羽区[48]

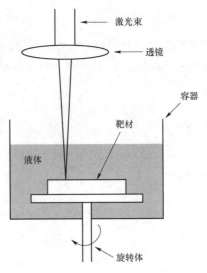

图 1-13 激光烧蚀法制备纳米
颗粒的装置图[52]

激光液相烧蚀法中的液体介质不仅为可控合成材料提供变化的参数，同时对纳米材料的形貌和结构产生巨大影响。采用激光液相烧蚀法已经制备出许多形貌有趣、尺寸可控的纳米颗粒。目前，大量的研究工作集中在激光液相制备、修饰纳米颗粒以及对这些产物的性能和应用的研究上。

1. 激光液相烧蚀法研究现状

激光液相烧蚀法是一种简单、通用的合成纳米颗粒的方法。目前的研究主要集中在两个方面：一方面是激光烧蚀金属靶材（通常为贵金属靶材）制备纳米颗粒[53-60]；另一方面是通过激光液相烧蚀法改变纳米颗粒的形貌和尺寸[61-66]。近年来，有一种新的趋势出现，那就是利用激光液相烧蚀法的独特优势制备各种具有新奇形貌[67-70]、微观结构和物相[71-74]的纳米结构，进而探究这些新产物的独特性能和应用，如生物探测[75-77]、可控发光[78-81]等。

激光液相烧蚀固体靶材合成纳米材料，根据与周围液体介质是否发生反应，可以分为不与介质相互作用和与介质相互作用两种。

不与介质相互作用即烧蚀产物与周围液体没有发生化学反应，所形成的纳米结构与初始靶材具有相同的组分。Ag、Au 和 Pt 金属与液体和气体的反应活性低，因此，在大部分液体介质中合成的纳米颗粒的组分与原始靶材相同[55,76,82-85]。例如，波长为 1 064 nm 的激光烧蚀不同溶液（HCl、NaCl、NaOH、AgNO$_3$ 或 Na$_2$SO$_3$）中的 Ag 靶，得到了不同表面形貌的球形 Ag 纳米颗粒[82-84]。其中，HCl、NaCl 和 NaOH

的存在使得 Ag 纳米颗粒更稳定；而 AgNO$_3$ 和 Na$_2$SO$_3$ 的存在引起一定的不稳定[82-84]。另外，不同有机溶液也会对最终产物的形状和结构产生影响[85]。Mafuné 等[55]研究了十二烷基硫酸钠（SDS）浓度、激光辐照和聚焦情况对激光液相烧蚀 SDS 中 Ag 靶的产物的大小、尺寸分布和产量的影响，如图 1-14 所示。研究表明，随着 SDS 浓度增加，纳米颗粒的平均尺寸增加，而尺寸分布则先增大后轻微减小；随着脉冲激光能量的增加，纳米颗粒的平均尺寸增大，而尺寸分布基本保持不变。激光烧蚀活泼金属靶材（如 Zn、Cd、Cu、Ti、Al、Mg、Pb 和 Fe），通常产生的等离子体碎片与液体反应。而当产生金属等离子体的速度大于其与周围溶液的反应速度时，可能会生成活性金属纳米颗粒[86]。或当溶液中存在稳定剂或者表面活性剂时，它们也能够限制等离子体与溶液的反应，最终得到被表面活性剂包裹的纯金属纳米颗粒。例如，在乙二醇和二氯乙烷溶液中烧蚀 Ti 靶，得到了 Ti 的立方体纳米颗粒[87]；在乙醇、丙酮和乙二醇中烧蚀 Al 靶，得到球形 Al 纳米颗粒[88]。

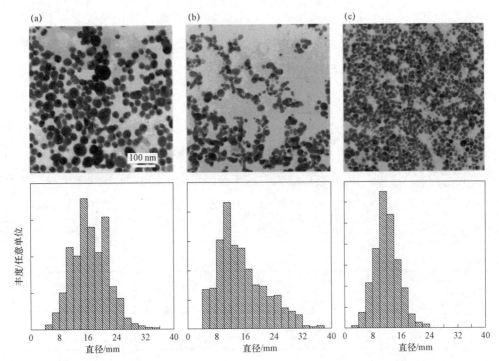

图 1-14　不同浓度的十二烷基硫酸钠水溶液中激光液相烧蚀 Ag 靶得到产物的
TEM 图片和尺寸分布柱状图（TEM 图的标尺相同）：
（a）0.003 M；（b）0.01 M；（c）0.05 M[55]

　　与介质相互作用即烧蚀产物与液体介质相互反应，最终形成的纳米结构与初始靶材具有不同的组分。十分明显，该情况能够极大地扩大产物组分生成氧化物、氢氧化物、碳化物、硫化物、氮化物和复合纳米结构。激光烧蚀靶材产生的等离子体能够加热周围的液体，使其等离子体化，两种等离子体剧烈反应，生成复合纳米结构。激光烧蚀水或者乙醇中的活性金属靶材，主要产物是它们的氢氧化物[89-100]。这些氢氧化物可以通过失水反应得到氧化物[89,91]，或者直接团聚形成氢氧化物纳米颗粒[99,100]。例如，在水中或者乙醇中烧蚀 Zn 靶，能够得到 ZnO[91]、$ZnO/Zn(OH)_2$[90] 或 $ZnO/ZnOOH$[92,93] 复合材料；类似的，在水中烧蚀 Ti 靶，可以得到钛的氧化物，包括 TiO、TiO_2 和 Ti_2O_3 纳米颗粒[94-96]，在液氮、异丙醇和正己烷中烧蚀 Ti 靶，产生的 TiN[97]、TiO 和 TiC[87,98]、TiH[98] 纳米颗粒会增加。

前面介绍的是激光烧蚀金属靶材制备纳米颗粒，另外一部分研究是通过激光液相烧蚀法改变纳米颗粒的形貌和尺寸。当激光烧蚀纳米颗粒的悬浊液时，纳米颗粒被熔化、气化或破碎，得到更小尺寸的纳米颗粒。Yang 等[101]采用波长为 1 064 nm 近红外激光烧蚀尺寸大且不均匀的 PbS 纳米颗粒的悬浊液，块体 PbS 的带隙为 0.4 eV，能够吸收近红外激光，PbS 纳米颗粒吸收激光后，气化形成新的小纳米颗粒；而随着 PbS 尺寸减小，PbS 的带隙变宽，当其扩大到 1.17 eV 时，将无法吸收 1 064 nm 的激光，相应的激子波尔半径为 3.6 nm；当溶液中的 PbS 纳米颗粒尺寸都减小到激子波尔半径时，纳米颗粒的尺寸不再发生变化，得到了单分散的 PbS 纳米颗粒，如图 1-15 所示。Singh 等[102]利用激光辐照粒径约为 69 nm 的 β-Se 纳米颗粒，最终得到了粒径为 2.74 nm±2.32 nm 的 α-Se 量子点。Zeng 等[103]利用激光辐照 ZnO 空心球的水溶液，得到了尺寸范围为 1～8 nm 的 ZnO 量子点，作者提出的反应机理如下：空心球碎片化（0～10 nm）、量子点生长（10～20 nm）、熟化（20～30 nm）。

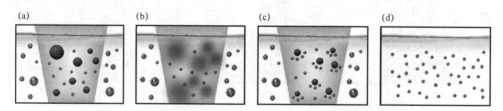

图 1-15　激光液相烧蚀得到单分散 PbS 量子点的机理示意图：
（a）选择性加热大的纳米颗粒；（b）蒸发加热的纳米颗粒；（c）压缩 Pb/S 原子热云，进一步加热尺寸超过临界值（d^*）的颗粒；（d）形成单分散的 PbS 量子点[101]

激光辐照纳米颗粒的悬浊液产生的正电荷导致颗粒表面库仑爆炸，从而使其转变为小的纳米颗粒。Yamada 等[104]和 Muto 等[105]使用纳秒激光，Werner 等[106]使用飞秒激光辐照 Au 纳米颗粒的悬浊液，激光热激发 Au 纳米颗粒，使其表面产生正电荷并形成了多重离化，从而引起了其库仑爆炸导致破碎，如图 1-16 所示。纳秒激光高辐射引起了表面充电，随后快速破裂。

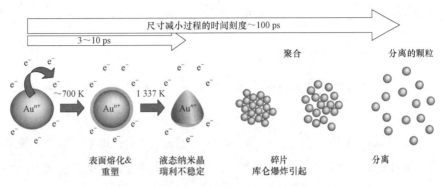

图 1-16　飞秒激光引起库仑爆炸的机理示意图[106]

2. 激光液相烧蚀法机理

当一束激光加热金属靶材时，可能产生等离子体、蒸气和金属的微纳米液滴等初始产物，它们能够与周围的液体环境进一步反应得到纳米颗粒[107-111]。其中，蒸气和等离子体可以使用短脉宽、高能量密度的激光产生[108,112-114]，如脉宽为几纳秒、能量密度为 $10^8 \sim 10^{10}$ W·cm^{-2} 的纳秒脉冲激光器[108,115,116]。而纳米液滴主要是低能量密度激光器的产物，如毫秒激光器[67-70]。迄今为止，激光烧蚀金属靶材合成纳米颗粒的机理主要是热蒸发机理和爆发式喷射机理[67-70,115-117]。

关于热蒸发机理，Zeng 等[79,115-117]通过利用 Nd：YAG 波长为 1 064 nm 的纳秒脉冲激光烧蚀水中的 Zn、Fe 和 Si 靶，发现纳米结构的形成是由极热的等离子体快速淬火并与周围介质间发生相互作用导致的[115]。对于固体靶材，以 Fe 靶为例，如图 1-17 所示，在脉冲激光辐照条件下，固液界面产生了高温高压的铁等离子体，并发生超快绝热膨胀，导致等离子区快速冷却，进而形成了铁团簇。形成的铁团簇与周围的水溶液发生反应形成 FeO 纳米颗粒。大量氧化物和氢氧化物纳米颗粒都是利用该机理合成的[118,119]。

Yang 等[108,118]利用 Nd：YAG 波长为 532 nm 的纳秒脉冲激光烧蚀液体中的靶材，并提出一个新的热蒸发模型，即靶材产生的等离子体和液体介质产生的等离子体共存的机制。脉冲激光烧蚀靶材后，靶材被加热、蒸发产生等离子体，同时这些等离子体激发周围的液体并使其蒸发、等离子体化。这两种等离子体混合并发生相互反应，最终快速冷凝形成纳米颗粒的化合物[108,118]。

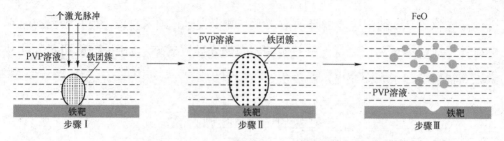

图 1-17　激光液相烧蚀法制备 FeO 纳米颗粒的机理图[115]

另一种机理是爆发式喷射机理，用来解释长脉宽激光（如毫秒脉冲激光）合成各种形貌的金属氧化物和硫化物的纳米结构的反应机理，如图 1-18 所示。由于激光能量密度较低，为 $10^6 \sim 10^7$ W/cm^2，最初的烧蚀产物主要是纳米液滴，随后高速喷射进入液体介质中[67]。因为纳米液体比较致密，周围的介质是从纳米液滴的表面逐渐向内反应的。该反应的程度和速度由液体的活性和激光参数决定，从而可以得到不同形貌和化学组成的产物[67]。因此，可以通过调整液体介质（浓度）、靶材和激光参数，来调控反应过程和产物[67-70]。

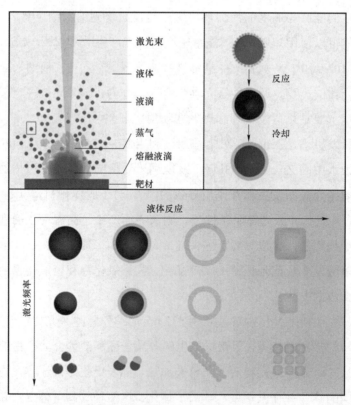

图 1-18　金属纳米液滴溅射及各种纳米结构形成示意图[67]

一些研究组报道称，使用纳秒脉冲激光烧蚀液体中的靶材也会产生液滴[120,121]。Tsuji 等[120]使用高速透射相机观察到靶材表面直接喷射出大量团簇、单个液滴和等离子体气泡，在水中形成了 Ag、Au 和 Si 的纳米液滴。这些直接喷射出的团簇和液滴是团聚和冷却过程中成为胶体纳米颗粒的主要来源。Phuoc 等[122]提出了另一种金属纳米液滴的形成机制，他们认为激光辐照金属靶材会引起其局部熔化，而高温靶材使周围的液体层被加热气化或等离子体化[107,122]，这些高温高压的蒸气或等离子体将熔化的靶材溅射出来，从而形成纳米液滴，这些纳米液滴与液体介质发生反应最终形成纳米产物[109]。

在激光液相烧蚀的实验中，热蒸发机理和爆发式喷射机理可能会同时发生，两种机理会互相影响，最终形成纳米结构。Nichols 等[109-111]研究发现热蒸发机理会产生尺寸均匀的细小 Pt 纳米颗粒，而爆发式喷射机理会得到尺寸分布较宽的大纳米颗粒，且产量较大。不同激光波长和不同液体环境下得到的多种尺寸分布的不同产物，说明这两种机理确实是同时存在的，而且激光烧蚀过程和产物也同时证明了它们的共存[67,110]。

激光液相烧蚀中，除了将块体靶材置于溶液底部，各种溶液同样可以作为靶材，包括颗粒悬浮液等。以悬浮颗粒作为靶材，在烧蚀过程中靶材会熔化、气化或破碎。

激光烧蚀颗粒悬浮液时，颗粒的尺寸可能较小，形状、物相、组分可能保持不变，也可能发生改变[102-105,123-128]。目前有两种机理解释纳米结构的尺寸、形貌、表面修饰的改变。一种是熔化气化机理，即激光诱导大尺寸颗粒熔化、气化为原子或分子，这些原子或分子碎片根据实验环境重排成为小的具有相同或者不同形状和晶体结构的纳米材料[57-59,102,125]；另一种是激光诱导库仑爆炸机理，即纳米颗粒表面的光电子或热电子直接逃逸，导致其表面带正电荷，而纳米结构中不同位置间诱导出的电荷存在静电排斥，从而使一个颗粒破碎成几个小颗粒[104,105,126-128]。

这两种机理所需要的实验条件差别巨大。对于第一种机理而言，需要激光能量极高，能够将悬浮颗粒加热到其沸点以上，使其表面的分子和原子气化。而对于第二种机理而言，需要激光波长与靶材的功函数相匹配，能够使其产生光电子。在皮秒激光或飞秒激光体系中，激光强度极其高并足以使多光子电离，当激光光子能量小于材料的功函数时，也可以发生破碎。近期的理论研究表明，飞秒激光辐照主要是碎片化，而纳秒激光（包括波长为 355 nm）辐照主要是热蒸发[123,124]。

1.3.2 激光液相化学法

光化学是研究光与物质相互作用所引起的永久性化学效应的化学分支，而激光由于单色性、高能量等特点，也被用于光化学研究，以期更深入地理解分子的精细结构或化学反应的本质。激光光化学涉及的是分子受激光作用后的激发状态及分子的离解如何引发化学反应。与激光烧蚀不同的是，它是利用激光作用气体分子或者溶液分子使分子产生活性基团或碎片，进而诱导体系中的化学反应。而激光液相化学法即利用激光辐照前驱体溶液直接引发化学反应或者用激光作用分散于溶液中的光敏物质引发反应物前驱体的化学反应，进而形核、生长成最终的纳米材料。

1. 激光液相化学法研究现状

激光辐照金属盐溶液或者前驱体溶液是一个光化学过程。光化学合成也是一个清洁、快速、简单的合成方法，它能够用于可控合成纳米颗粒和在各种介质中合成纳米颗粒，如溶胶、乳液、玻璃态溶液、表面活性剂胶束和聚合物等。

1998 年，Subramanian 等[129]利用 CO_2 激光作用硝酸银水溶液制备了不同尺寸的银纳米颗粒，开启了人们对激光液相化学法制备纳米材料的研究。十几年后，陆续有研究者利用激光液相化学法制备了其他纳米材料。Fauteux 等[130]利用 CO_2 激光作用不同浓度的 $Zn(C_5H_7O_2)_2 \cdot H_2O$ 与一乙醇胺（MEA）的混合水溶液，制备了 ZnO 纳米棒和纳米线结构。Hasumura 等[131]利用 Nd：YAG 激光辐照 $Fe(cp)_2/CO_2$ 溶液，得到了碳包铁的核壳结构。Liu 等[132]用波长为 1 064 nm 的近红外纳秒脉冲激光辐照氨硼烷的二氧六环溶液，合成了立方相的氮化硼纳米颗粒，其反应机理如图 1-19 所示，一个氨硼烷分子（AB）被 3 个二氧六环分子包围，形成一个基本单元，该基本单元会吸收 4 个光子能量，传递给氨硼烷后，使得氨硼烷分子中的化学键断裂，形成氮化硼（c-BN）纳米颗粒。Yeo 等[133]采用 532 nm 的连续可见光激光诱导水热生长 ZnO 纳米线阵列，利用激光选择性加热 ZnO 种子，形成局部高温，在热对流作用下，Zn 前驱体不断被输送到激光作用区域，使 ZnO 纳米线继续生长，从而导致特定区域细长 ZnO 纳米线阵列的形成。Nakajima 等[134]使用紫外激光辐照 $RbLaNb_2O_7$ 前驱体，在表面形成温度梯度，导致晶体膜在玻璃衬底上沿着特定方向生长。Niu 等[135]以苯二甲酸（TPA）作为主要有机框架，Ni 作为金属团簇和活性位点，以三甘醇（TEG）作为链状有机分子，部分取代 TPA 结构，以 N,N-二甲基甲酰胺（DMF）作为溶剂，利用平行近红外激光辐照过渡金属离子和有机前驱体混合物的溶液，得到一系列类海绵状的金属有机物，如图 1-20 所示。由于金属有机框架（MOF）结构具有极高的比表面积和可调的孔洞，因此在捕捉和多相催化方面具有很大的优势，可以有效地提升 CO 的转化效率，达到 100%。

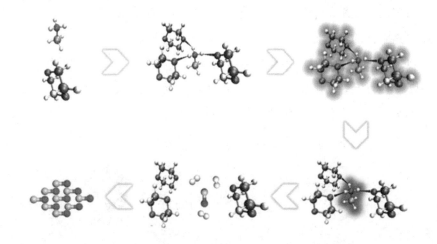

图 1-19　激光辐照氨硼烷脱氢形成立方相氮化硼纳米颗粒的示意图[132]

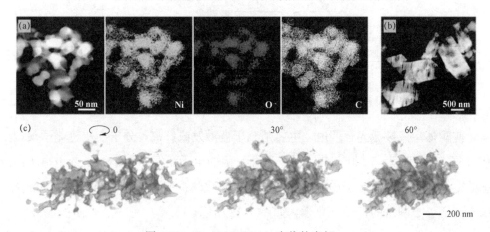

图 1-20　Ni（TEG/TPA）产物的表征：
（a）海绵状 Ni（TEG/TPA）的 STEM 及相应的面扫，图中标尺相同；（b）Ni（TPA）颗粒的 STEM；
（c）海绵状 Ni（TEG/TPA）的三维重构[135]

此外，大量研究采用 TiO_2 等半导体为吸光材料，诱导生产复合材料，如 TiO_2-Au、TiO_2-Ag、TiO_2-Cu 核壳纳米颗粒[136-138]、ZnO-金属纳米颗粒[139]。

由以上可以看出，近几十年来研究者开始逐渐利用激光液相化学法可控制备纳米材料，但研究工作并不多，因此在纳米材料学的基础和应用研究方面都具有很强的挖掘潜力。

2. 激光液相化学法机理

激光辐照水溶液中的金属盐或者前驱体溶液是一种自下而上的合成方法，能够合成纳米颗粒的胶体悬浊液[140-146]。激光辐照金属盐或者前驱体溶液，直接引发化学反应或由溶液中光敏剂诱发前驱体发生化学反应，最终得到纳米颗粒。金属盐被光化学还原为中性的金属原子 M^0，然后经过团簇后形成纳米颗粒。中性的金属原子 M^0 可以通过光化学产生的中间体直接光还原金属离子[140-142]，如激发态的分子和自由基[143,144]；或者使用光敏剂产生的中间体进行光还原。图 1-21 是直接光还原和使用光敏剂还原的光化学合成纳米颗粒的示意图。

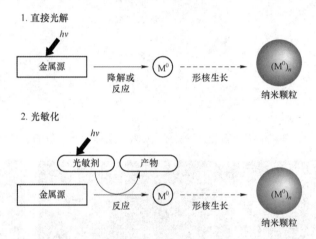

图 1-21　金属盐溶液和含有金属前驱体的溶液直接光还原以及光敏化的示意图[145]

前驱体溶液被激光辐照时，主要是分子被激发或解离，分子在快速化学反应中被激发主要表现为 3 种情况[106]：一是非平衡的电子激发，属于分子处于电子激发态的电子光化学；二是平衡的热激发，属于热化学反应；三是非平衡的振动激发，属于分子处于基态的振动光化学，如图 1-22 所示。

根据光化学机理的不同，可将激光诱发化学反应的方式分为红外激光化学与紫外及可见激光化学。

红外激光化学的特点是利用红外激光将反应物分子提升到振动激发态，属于这一类反应的有红外敏化反应、振动异构化反应、红外异相催化反应、红外诱导链反应、红外光解范德华分子反应以及红外多光子离解反应。20 世纪 70 年代发现了多光子红外离解现象[147]，尤其对于多原子分子，只要分子的基频或泛频频率与激光频率相等，就有可能发生多光子离解反应，但红外多光子离解反应要求激光必须有足够高的功率密度（至少 $10^8 W/cm^2$）。在红外激光诱导化学反应中，激光的作用不

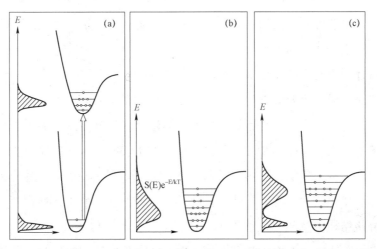

图 1-22　分子在快速化学反应中受激发的类型：
（a）非平衡电子激发；（b）平衡的热激发；（c）非平衡振动激发[106]

是简单的热作用，而是红外光子同分子内的特定键或振动模之间发生共振耦合。因此，红外激光诱导化学反应是一种定向的、低反应活化能的快速过程，具有高度的选择性。

紫外或可见激光化学是利用紫外或可见激光将反应物分子激发至电子的激发态。因为绝大多数分子的离解能在 60～750 kJ/mol 或 3～7 eV 之间，这需要波长为 140～400 nm 的紫外激光辐照才行。原则上讲，只要选择合适波长的激光，任何分子都能被光解，对于同一分子来说，不同波长的激光辐照还可能按不同的方式光解。

以上情况涉及的都是分子受激光的激发而诱导化学反应，还有一种情况是利用激光作用半导体纳米颗粒产生多光子电离，作为合成金属-半导体复合材料的基底和还原剂，从而诱发反应的进行[148-150]。当纳米颗粒被高于它们禁带宽度的光子能量激发时，电子空穴对产生。产生的电子还原金属离子并吸附于半导体纳米颗粒表面，产生 M^0 原子，这些团簇产生了纳米颗粒或者在半导体表面形成一层壳层，从而形成半导体和金属的核壳纳米颗粒。到目前为止，很多半导体和金属的核壳纳米颗粒（如 TiO_2-金属和 ZnO-金属）已经被成功制备[136-139,151]。

1.4　本研究的具体思路与主要工作

本研究旨在利用电子束和激光束两种热源诱导和调控纳米材料的生长与合成等，探究不同合成方法对纳米材料的影响。利用电子束调控和诱导纳米材料的转化和生长，研究纳米材料转化的机理；利用激光的选择性烧蚀和光效应来合成纳米催化剂，并应用于催化。这些研究为纳米材料的可控合成和性能提升提供指导意义，本研究的具体思路与主要工作如下。

（1）枝晶与球粒等分级结构广泛存在于日常生活中，其独特的结构在气敏、催化等领域具有巨大的潜力，但是追踪和观察纳米尺度的分级结构的生长和变化还难以实现。在本书的第 3 章，我们结合原位液体 TEM 的优势，使用原位液体 TEM 观察电子束促进的磁性铁氧化物纳米分级结构的生长和结晶过程，通过分析其生长过程中的路径和变化情况，验证了铁氧化物纳米分级结构生长的影响因素，并提出了铁氧化物分级结构的物相转化过程。

（2）相转变是自然界中的常见现象，由于纳米晶的结构和形貌对其性能具有重大影响，因此研究纳米晶的相转变在能量转化和储存、药物传递等方面的应用具有重要意义。在本书的第 4 章，我们结合原位液体 TEM 的优势，使用原位液体 TEM 观察电子束诱导和调控的铅核壳纳米晶的可逆相转变，结合计算提出可逆相转变的机理，并将其推广到电化学等领域。

（3）金属有机框架（MOF）结构具有极高的比表面积和可调的孔洞，在捕捉和催化方面具有巨大的优势，而激光化学法在合成 MOF 结构方面具有独特的优势。在本书的第 5 章，我们利用激光束的光效应，通过调整反应条件，合成了以 Ni、Co 或 Cu 为金属团簇和活性位点的二维 MOF 结构，并将其应用于 CO_2 光还原，没有 H_2 的产生，且碳产物的转化效率较高，C_2 液体产物的选择性极高。

（4）氮掺杂石墨烯具有广泛的应用，而吡啶氮含量较高时，可以有效地提升催化剂对活性氢的吸附，从而提升其电催化产氢的性能。目前，高吡啶氮含量的氮掺杂石墨烯主要是由两步法实现的。在本书的第 6 章，我们结合激光烧蚀法的简单且广泛应用于原子掺杂的优势，利用激光烧蚀含有氮源的石墨烯溶液，通过探究反应参数对掺杂的影响，最终实现选择性提升吡啶氮含量的氮掺杂石墨烯，提高了活性氢的吸附，有效提升了电解水产氢（HER）性能。

第 2 章

实验原料与设备

2.1 实验原料

本实验中所使用到的化学试剂及实验原料见表 2-1。

表 2-1 化学药品的技术规格及用途

试剂名称	化学式	技术规格	生产厂家	用途
乙酰丙酮铅	Pb(acac)$_2$	工业级	西格玛奥德里奇贸易有限公司	反应物
三甘醇	C$_6$H$_{14}$O$_4$	≥99%	西格玛奥德里奇贸易有限公司	溶剂
硝酸铅	Pb(NO$_3$)$_2$	99.95%	西格玛奥德里奇贸易有限公司	反应物
硬脂酸钠	C$_{17}$H$_{35}$COONa	99%	西格玛奥德里奇贸易有限公司	反应物
辛醇	C$_8$H$_{18}$O	≥99%	西格玛奥德里奇贸易有限公司	溶剂
乙酰丙酮铂	Pt(acac)$_2$	97%	西格玛奥德里奇贸易有限公司	反应物
硝酸银	AgNO$_3$	≥99%	西格玛奥德里奇贸易有限公司	反应物
无水硝酸铁	Fe(NO$_3$)$_3$	99.999%	西格玛奥德里奇贸易有限公司	反应物
油胺	C$_{18}$H$_{37}$N	70%	西格玛奥德里奇贸易有限公司	溶剂
油酸	C$_{18}$H$_{34}$O$_2$	分析纯	西格玛奥德里奇贸易有限公司	溶剂
苯乙醚	C$_8$H$_{10}$O	99%	西格玛奥德里奇贸易有限公司	溶剂
还原氧化石墨烯溶液	C	0.32 wt%	中国科学院成都有机化学有限公司	反应物
还原氧化石墨烯粉末	C	>98 wt%	中国科学院成都有机化学有限公司	反应物
氨水	NH$_3$·H$_2$O	优级纯	天津江天化工有限公司	反应物
氧化石墨烯粉末	C	>98 wt%	中国科学院成都有机化学有限公司	反应物

续表

试剂名称	化学式	技术规格	生产厂家	用途
水合肼	$N_2H_4 \cdot H_2O$	>98%	天津江天化工有限公司	反应物
异丙醇	C_3H_8O	色谱纯	天津科瑞思化学药品公司	反应物
全氟磺酸	N/A	5 wt%	天津英科联合科技有限公司	黏结剂
无水乙醇	CH_3CH_2OH	分析纯	天津科瑞思化学药品公司	清洗剂
浓硫酸	H_2SO_4	68%	北京百灵威科技有限公司	电解液
氯化钾	KCl	99.5%	上海阿拉丁生化科技股份有限公司	电极溶液
去离子水	H_2O	分析纯	天津科瑞思化学药品公司	清洗剂
对苯二甲酸	$C_8H_6O_4$	98%	西格玛奥德里奇贸易有限公司	反应物
N,N-二甲基甲酰胺	C_3H_7NO	99.8%	西格玛奥德里奇贸易有限公司	溶剂
六水合硝酸镍	$Ni(NO_3)_2 \cdot 6H_2O$	≥98.5%	西格玛奥德里奇贸易有限公司	反应物
六水合硝酸钴	$Co(NO_3)_2 \cdot 6H_2O$	≥98%	西格玛奥德里奇贸易有限公司	反应物
三水硝酸铜	$Cu(NO_3)_2 \cdot 3H_2O$	99.999%	西格玛奥德里奇贸易有限公司	反应物
丙酮	C_3H_6O	99.9%	西格玛奥德里奇贸易有限公司	清洗剂
六水合三（2,2'-联吡啶）氯化钌	$C_{30}H_{24}Cl_2N_6Ru \cdot 6H_2O$	99.95%	西格玛奥德里奇贸易有限公司	吸光剂
三乙醇胺	$C_6H_{15}NO_3$	≥99.0%	西格玛奥德里奇贸易有限公司	电解液
乙腈	C_2H_3N	99.8%	西格玛奥德里奇贸易有限公司	电解液

2.2　实验设备

2.2.1　纳秒脉冲激光器

本实验中使用了两种类型的纳秒激光器。

在第 5 章的激光束诱导 Ni/Co/Cu 基有机框架的合成实验中，使用 Continuum 公司出产的 Surelite Ⅲ 系列高能量纳秒脉冲激光器，如图 2-1 所示。该纳秒激光器为 Q 开关调节的掺钕钇铝石榴石（Nd：YAG）激光器，可以实现输出 1 064 nm、532 nm、355 nm、266 nm 四种波长的脉冲激光。在该实验中采用了波长为 1 064 nm 的脉冲激光器，其输出能量的范围为每个脉冲 1～900 mJ，频率为 0.1～11 Hz，脉宽为 6～7 ns，光斑直径为 9 mm。

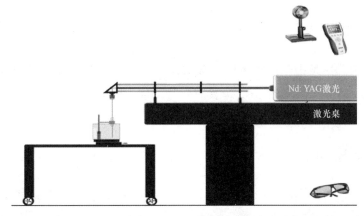

图 2-1　Continuum 公司 Surelite Ⅲ 系列纳米脉冲激光器

在第 6 章的激光束烧蚀选择性氮掺杂石墨烯实验中，使用北京镭宝光电技术有限公司生产的型号为 Dawa-350 的纳秒脉冲激光器，该纳秒激光器光电调为 Q 开关的 Nd：YAG 激光器，如图 2-2 所示。该激光器具有结构精巧、操作简单、智能等特点，可输出 1 064 nm、532 nm、266 nm 三种波长的脉冲激光。在该实验中，采用波长为 1 064 nm 的脉冲激光器，其输出能量的范围为每个脉冲 2～350 mJ，频率为 1～10 Hz，脉宽为 7 ns，光斑直径为 8 mm。

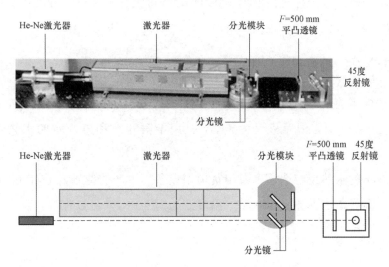

图 2-2　镭宝 Dawa-350 纳米脉冲激光器

2.2.2　恒温磁力搅拌器

恒温磁力搅拌器选用美国康宁公司生产的数字型磁力加热搅拌装置，搅拌的转速范围是 100～2 000 r/min，且连续可调，电热丝加热的温度范围是 0～180 ℃。

2.2.3 超声波清洗仪

超声波清洗仪是由昆山超声仪器有限公司生产的，型号为 KQ300E，超声波频率为 40 kHz，能耗功率为 300 W，具有定时功能，时间为 20 min 及以内，加热范围为 20～80 ℃，主要用于原料的混合、分散。

2.2.4 高速离心机

第 5 章中使用的离心机是 Eppendorf 公司生产的 5804 型号常温离心机，其转速在 100～11 000 r/min 中连续可调，配备 15 mL 或 50 mL 的 Falcon 管适配器。

第 6 章中使用的离心机是 Sigma 公司生产的 3K30 型号高速冷冻离心机，其温度可以控制在 −20～40 ℃，转速范围在 100～30 000 r/min 范围内连续可调，配备 12 150（适合 50 mL）和 12 111（适合 10 mL）离心管槽。

2.2.5 电子天平

电子天平采用梅特勒-托利多仪器（上海）有限公司生产的 Mettler AE240 型号。该天平有两种模式，一种是精度为 0.000 01 g，最大称量量程为 40 g；另一种是精度为 0.000 1 g，最大称量量程为 100 g。

2.2.6 电热干燥箱

电热干燥箱选用德国 Binder 公司生产的型号为 VD53 的真空干燥箱，所控制温度范围为 5～200 ℃，温度波动为 ±4 ℃，用于第 4 章和第 5 章的水热合成和真空干燥。

第 6 章中的水热反应选用上海申贤恒温设备厂生产的型号为 DZF-6050 的干燥箱，所控制温度范围为 20～400 ℃，温度波动为 ±1 ℃，可以保温。

2.2.7 能量计

配对 Surelite Ⅲ 型号纳秒脉冲激光器的能量计是 Ophir-Spiricon 公司生产的 7F01228A 型号，该纳秒激光器的最高能量为每个脉冲 2 J。

配对 Dawa-350 型号纳秒脉冲激光器的能量计是 Coherent 公司生产的 EnergyMax-usb-J-50-MB-YG。

能量计可用于监测激光器的实时能量和不同参数下的平均输出能量，还可通过它监测反应时激光光路经过反应装置后剩余的能量并计算出反应体系吸收的能量。

2.2.8　冷冻干燥器

本实验中所使用的冷冻干燥机为 SIJA-10N 压盖型，物料盘 4 层，捕水能力为 3 kg/24 h，空载冷阱温度为 −45 ℃。

2.2.9　移液枪

本实验中的移液枪选用 Sigma 公司生产的 0.01 mL、1 mL 型号类型和 Eppendorf 公司生产的 100～1 000 μL、20～200 μL、10～100 μL、0.5～10 μL、0.1～2.5 μL 型号类型。

2.3　表征设备

2.3.1　透射电子显微镜（TEM）

本实验中采用了多种不同种类的透射电镜，具体如下。

FEI 公司生产的 Tecnai F20 场发射透射电子显微镜配备有高角环形暗场像（HAADF-STEM）及 GIF 相机，能够对样品进行透射电子显微像（TEM）、高分辨像（HRTEM）、能量过滤像（EFTEM）和能量损失谱（EELS）分析。电镜的加速高压为 200 kV，点分辨率为 0.24 nm，STEM 分辨率为 0.2 nm，信息分辨率<0.15 nm，倾转角度范围为±40°，最大放大倍数为 250 万倍。

FEI 公司生产的 Them is Z 透射电子显微镜配备有图像球差校正、高角环形暗场像（HAADF-STEM）、超级能谱。电镜的加速电压在 60 kV、80 kV、120 kV、200 kV 和 300 kV 中可调，用于第 6 章样品的低压表征。

原位实验是由 JEOL 公司生产的 JEOL JEM-2100 Plus 透射电子显微镜完成，其配置自制的电化学样品杆，可用于原位液相实验和原位电化学液相实验，部分纳米材料的表征是采用 JEOL 公司生产的 JEOL JEM-2100F 场发射透射电子显微镜完成的，能够对样品进行透射电子显微像（TEM）、高分辨像（HRTEM）和高角环形暗场像（HAADF-STEM）分析。同时，此电镜还配备有 Oxford INCA 能谱仪（EDS）探测器，用来分析元素种类及分布等。

2.3.2　电化学工作站

在第 4 章的电化学测试和原位液体透射电化学实验中，采用 CHI 公司的 660C 电化学工作站控制。

在第 6 章所做的电化学测试，如过电位测试（LSV）等，都是由普林斯顿公司的 VersaSTAT3 电化学工作站完成的。

2.3.3　X 射线衍射（XRD）

第 5 章的材料物相分析是利用布鲁克 AXS 公司生产的 D8 Discover X 射线衍射仪完成的。该设备配备了一个 Vantec-500 探测器，以钴靶为 X 射线仪的发射源，测试电压为 35 kV，电流为 40 mA。

第 6 章的材料物相分析是利用布鲁克公司生产的 D8 Advance 型 X 射线仪完成的。测试时以铜靶为 X 射线的发射源，测试电压为 30 kV，电流为 50 mA，波长为 0.154 06 nm，测试仪精度为 ±0.02，扫描角度范围 20°～90°。

2.3.4　原子力显微镜（AFM）

样品厚度分析采用 Bruker ICON 原子力显微镜，具有一个 90 μm 闭环的 XY 扫描器，Z 方向扫描范围为 10 μm，可用扫描的高度范围为 0.25 nm～100 μm，配备有峰值轻敲模式，可用于软材料的高分辨图像以及机械测量法的定量纳米机械面扫。

2.3.5　热失重（TGA）

使用 Q5500 热失重仪器测量材料物质的质量与温度的变化曲线。该设备的敏感度 <0.1 μg，最高温度是 1 200 ℃，升温速度为 5 ℃/s，测量在惰性气体 N_2 的保护气氛中进行。

2.3.6　红外光谱仪（FTIR）

选用珀金埃尔默（Perkin Elmer）公司的傅里叶变换红外光谱仪，配备 ZeSe 的 45° 样品制备盘，制样十分简单，粉末样品可以直接置于 ZeSe 窗口上。该设备测试的光谱范围是 350～7 800 cm^{-1}。

2.3.7　X 射线光电子能谱仪（XPS）

采用 Thermo Fisher 公司的 K-alpha 型 X 射线光电子能谱仪，对纳米材料中的元素组成、含量和化学价态进行表征。这台仪器采用铝 Kα 微聚焦单色器作为 X 射线源，离子枪能量范围为 100～4 000 eV，可实现快速对固体材料进行纳米级表面化学成分的定量分析。

2.3.8　X 射线吸收（XAS）

X 射线吸收测试是在斯坦福国家加速器实验室的光束线上获得的。表面敏感的吸收谱是通过总电子产额（TEY）模式测定的。所用样品中 C 的 k 边和 N 的 k 边是以 0.5 eV 步长扫描测试的，O 的 k 边是以 0.2 eV 步长扫描测试的。

2.3.9　气相色谱仪（GC）

气相色谱仪是由安捷伦公司生产的，型号为 7 890 A，配备一个热导检测室和一个火焰离子检测器。保留时间重现性＜0.008% 或＜0.000 8 min，峰面积重现性＜1%。用于检测 CO_2 光还原的气体产物 CO 的摩尔量。

2.3.10　高效液相色谱仪（HPLC）

液相色谱仪是由安捷伦公司生产的 1260 高效液相色谱仪，配备 H 形圆柱和 210 nm 可见波长探测器。用于检测 CO_2 光还原的液体产物的摩尔量。

2.3.11　气相色谱-质谱联用仪（GC-MS）

气相色谱-质谱联用仪是由安捷伦公司生产的，其中气相色谱型号是 6 890 N，质谱的型号是 5973，分子筛的柱子是 5 Å。用于检测 C13 标定 CO_2 光还原的气体产物 CO 的质量电荷比率。

2.3.12　液相色谱-质谱联用仪（LC-MS）

液相色谱-质谱联用仪是由 Thermo Finnigan 公司生产的，用于检测 C13 标定 CO_2 光还原的液体产物的质量电荷比率。

第3章

电子束诱导和促进的铁氧化物纳米
分级结构的生长

3.1　本章引言

　　自然界中形貌不规则的材料十分常见，比如雪花、珊瑚、树等。类似于这种形貌不规则结构的宏观尺度分级复杂结构材料有不同的合成方法，如金属和合金的固化、生物矿化、聚合、胶体化学法等。分级复杂结构包括枝晶、球粒等结构，枝晶结构具有很多不规则形状的分支，而球粒结构具有很多密集排列的纤维状分支。纳米尺度的分级复杂结构在催化[152-157]、气敏[158,159]、生物成像[160,161]、癌症治疗[162,163]等方面具有潜在应用，从而引起研究者极大的兴趣。研究分级复杂结构的形成机理有利于更好地控制不对称结构的生长，扩展它们的应用。

　　目前，已经有很多关于宏观尺度和微米尺度枝晶生长的报道，也存在大量关于生长机理的理论研究。例如，Mullins 和 Sekerka[164,165]创建的理论揭示，固液界面的质量传递和表面张力之间的竞争作用，引起材料沿着生长方向的界面不稳定，诱导枝晶的生长[166]。该理论能够解释很多生长介质初始是均匀生长状态，但是由于局部起伏而最终演变为枝晶结构。稳态枝晶生长的微观可解性理论[167-169]揭示枝晶的各向异性生长决定枝晶的生长速率和尖端半径。如果材料的生长动力学和表面能没有各向异性，尖端会分裂形成海藻形状的结构。关于枝晶的生长和尖端分裂，已经有很多微米和宏观尺度的理论计算模型[170-172]，但是，由于追踪详细的纳米枝晶生长变化过程比较困难，无法确定该理论是否适用于纳米尺度的枝晶生长。

前期研究发现，在同一个体系中，轻微改变实验参数，可控得到枝晶结构或者球粒结构，由此可以对枝晶和球粒复杂结构的生长进行比较[173,174]。但是，与枝晶结构理论研究已经比较充足不同，关于球粒的生长机理的探究较少。一些研究通过实验现象对球粒结构形成的物理条件进行归纳总结[173-177]，如高的过冷度或高的过饱和度[174,178]、前端的第二相形核[179-183]等。目前关于球粒结构的研究主要集中于微观尺度，而关于球粒的形成机理和纳米尺度的研究很少。

电子束辐照材料时，将能量转移给被作用的材料，产生电离和激发，释放出轨道电子，形成自由基，从而诱导反应。此外，电子束的极性与材料产生的磁场、电场等相互作用，促进氧化反应和表面原子扩散等。

在本章，我们利用电子束的极性与材料产生的磁场相互作用，通过高分辨率的原位液体透射电镜观察铁氧化物纳米枝晶和球粒状结构的生长，研究电子束诱导下形成纳米枝晶和纳米球粒结构的生长机理。详细分析枝晶的生长路径，说明纳米枝晶的生长机理，检验枝晶生长理论在纳米尺度适用；同时分析球粒结构的生长，观察尖端分裂等现象，并建立定量的生长机理。

3.2　实验部分

3.2.1　液体池的制备及组装

普通液体池是以厚度为 100 μm，直径为 10.16 cm，p 型掺杂的硅片为原料，在硅片两面低压沉积厚度大约为 15 nm 的氮化硅薄膜。超薄氮化硅薄膜能有效提升液体池的空间分辨率至亚纳米级别。普通液体池的制备和组装步骤如下：旋涂光刻胶、光刻、KOH 刻蚀、铟黏结液体池等。普通液体池的照片如图 3-1 所示。其中，铟是通过热沉积法获得的，它的作用除了作为黏结剂连接两片硅片，形成液体池外，还可以作为一个垫片，决定了液体池的厚度，其厚度可以根据需求和实验条件调整。

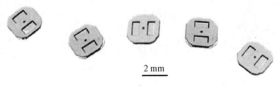

2 mm

图 3-1　液体池的照片

本实验中，普通液体池采用厚度为 100 nm 的铟作为黏结剂，其结构示意图如图 3-2 所示。

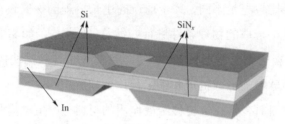

图 3-2 普通液体池的结构示意图

3.2.2 前驱体溶液的注入

前驱体溶液是将 100 mg 或 150 mg 的无水硝酸铁置于 1 mL 混合溶剂中，室温搅拌得到。该混合溶剂是由油胺、油酸和苯乙醚 3 种溶剂以 4.5∶4.5∶1 的体积比混合形成的，室温下搅拌 30 min 后，硝酸铁粉末完全溶解于溶剂中。使用注射器及管径约 50 μm 的石英纳米管将大约 300 pL 前驱体溶液注入液体池中，之后将注液口封上。100 mg 无水硝酸铁的前驱体溶液用于纳米枝晶生长，而 150 mg 无水硝酸铁的前驱体溶液用于球粒状结构的生长。

3.2.3 高分辨率的优势

本实验分别在高空间分辨率（1.5 Å）和高时间分辨率（400 fps）的实验条件下观察铁氧化物枝晶的生长与结晶过程。高分辨率的透射电镜及相机具有极大的优势。如图 3-3 所示，将采集到的高分辨率透射图片，通过降低像素的技术手段得到

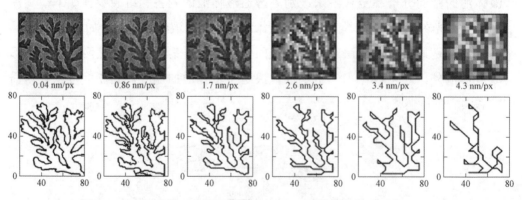

图 3-3 将原始图片（分辨率为 0.04 nm/px）的像素降低至 4.3 nm/px
形成的一系列 TEM 图片及其轮廓图

一系列不同像素的 TEM 图片及其相应的轮廓图。但随着像素的降低，纳米枝晶的尖端形貌等信息逐渐被掩盖，严重干扰尖端曲率等因素对纳米枝晶生长过程影响的分析。

为了进一步说明高分辨率的技术优势，我们通过对图 3-3 中不同像素条件下枝晶生长的周长和面积进行统计分析，探究枝晶的生长机理，结果如图 3-4 所示。在高分辨率的图片中，纳米枝晶的周长和面积与生长时间基本呈线性关系；但随着像素的降低，枝晶的周长和面积也明显降低。当图片的像素降低为 4.3 nm/px 时，随着生长时间的增加，纳米枝晶的周长和面积成抛物线式增长，直至基本保持不变。

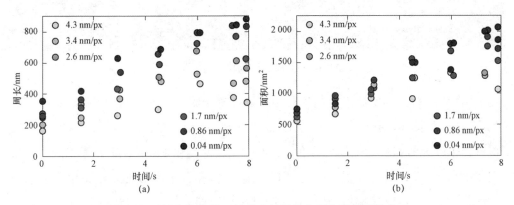

图 3-4　不同像素条件下枝晶生长周长和面积的数据分析：
（a）不同像素条件下枝晶周长与生长时间的关系；（b）不同像素条件下枝晶面积与生长时间的关系

该现象证明当分辨率不够时，纳米枝晶生长过程中的很多细节信息被忽略，严重影响尖端曲率等对纳米枝晶生长以及纳米枝晶尖端分裂的观察和分析，从而证明了在枝晶生长研究中高分辨透射电镜的巨大技术优势。

3.3　结果与讨论

电子束辐照前驱体溶液促进油胺还原金属铁离子，从而产生大量纳米团簇。与 Liang 等[184]报道的氧化铁纳米颗粒生长的前驱体浓度相比，该前驱体溶液中铁离子的浓度是其 4～6 倍，过饱和的铁离子前驱体导致铁的氧化物不稳定生长，从而诱导纳米枝晶沿着氮化硅窗口二维生长，得到二维枝晶结构，而随着过饱和度的进一步提高，球粒状纳米结构开始生成。由于纳米枝晶和球粒结构与纳米团簇的衬度相似，因此纳米枝晶和球粒的厚度与纳米团簇的尺寸类似，约为 4～6 nm。

3.3.1　电子束诱导铁氧化物纳米枝晶的生长

前驱体溶液中铁浓度极高的情况下，当单个纳米团簇形成后，纳米团簇沿着氮化硅表面快速生长、分裂得到纳米枝晶，过程如图 3-5 所示。在 6.0 s 时间内纳米枝晶快速长大，该枝晶形状类似于海藻，因此称其为海藻状纳米枝晶。

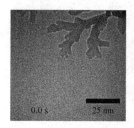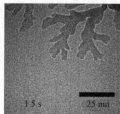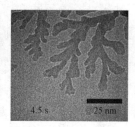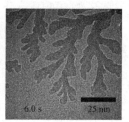

图 3-5　海藻状纳米枝晶的生长

为深入分析海藻状纳米枝晶的物相特征，本实验进行 STEM 和 EDS 面扫表征分析，结果如图 3-6 所示。其中，图 3-6b 为 Fe 的元素分布，图 3-6c 为 O 的元素分布，Fe 与 O 元素在枝晶上均匀分布，说明纳米枝晶是由 Fe 和 O 等元素组成的。除了纳米枝晶部分，其他位置几乎没有 Fe 元素，但存在一些 O 元素，说明在纳米枝晶生长过程中，前驱体溶液中的 Fe 元素几乎被消耗完，而其他位置的 O 元素来自前驱体溶液。电子束极性与铁氧化物磁性介质作用，产生磁损耗热，形核的尖端热场集中与电场强度强化，促进氧化反应和表面原子扩散等。

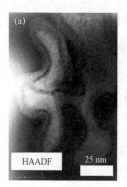

图 3-6　纳米枝晶的 HAADF-STEM 图像和 Fe 与 O 元素的面扫结果

为验证宏观尺度枝晶的生长机理在纳米尺度是否适用，需要对纳米枝晶生长过程进行跟踪研究。利用 TEM 对铁氧化物纳米枝晶的生长过程进行轮廓轨迹跟踪记录，结果如图 3-7 所示，随着生长时间增加，枝晶的轮廓从浅灰色逐渐边缘化为黑色；有些纳米枝晶的尖端生长较长，有些尖端则很快就停止生长，同时，生长过程中纳米枝晶的一个分支分裂为多个的这种现象广泛存在。

在后面的小节中，将对影响纳米枝晶的生长速度、尖端分裂的影响因素进行系统分析，深入研究纳米枝晶的生长速率与尖端曲率、前驱体扩散和耗尽等的关系，纳米枝晶尖端分裂的原因等。

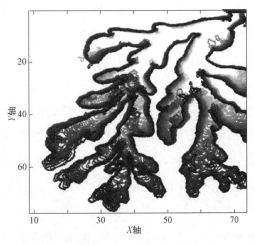

图 3-7 纳米枝晶生长的轮廓变化

3.3.2 尖端曲率对铁氧化物纳米枝晶生长速率的影响

为研究尖端曲率与铁氧化物纳米枝晶生长速率的关系，我们选取一个单独的枝晶进行分析研究，其枝晶尖端的轮廓图如图 3-8a 所示。随着时间的推移，轮廓轨迹图中的浅灰色变为黑色，选取其中的 6 个分支，分别用阿拉伯数字标记。这 6 个

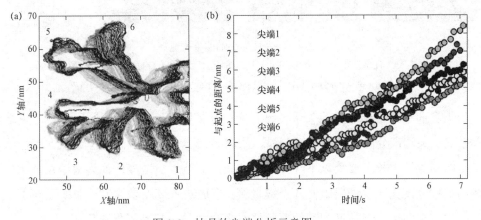

图 3-8 枝晶的尖端分析示意图：

（a）枝晶尖端的生长轮廓的标记示意图；（b）不同尖端的生长时间与距离起始点的距离关系曲线

分支均是从枝晶的内部向外生长；同时，这6个分支互相之间均有一定距离，以此降低周围分支对它们的影响。此外，在观察纳米枝晶生长的过程中，这6个分支都没有出现尖端分裂的现象。

跟踪每个分支的尖端生长距离与生长时间之间的关系。测量生长距离时，假定每个分支都是线性生长的，以此方法测试每一帧中每个分支的生长距离，如图3-8b所示。图中每个尖端的生长距离各不相同，其中尖端5生长距离最远，尖端3次之，尖端4的生长距离最近，尖端1、尖端2和尖端6的生长距离较相似，居于尖端3和尖端4之间。

纳米枝晶的透射图片如图3-9a所示，该图与图3-8的轮廓图相对应。类似于图3-8b中生长距离的测量方法，根据每个分支尖端部分的形状，画出尖端对应的圆圈，该圆对应的半径即为曲率，尖端曲率即为曲率半径的倒数。尖端曲率半径（ρ）的对数（X轴）与生长速率的对数（Y轴）的对应关系如图3-9b所示，图中圆点代表生长轨迹的线性区域，方点代表每帧数据的平均值。图3-9b说明曲率半径越大，生长速率越小，即尖端曲率越小，生长速率越小；尖端曲率越大，生长速率越大。

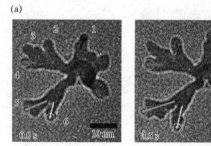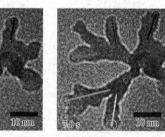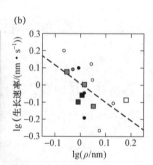

图3-9 纳米枝晶尖端的生长速率：

（a）尖端生长的TEM图片，6个尖端在图中标注；（b）尖端曲率的对数与生长速率的对数的关系图，其中，圆点代表了生长轨迹的线性区域，而方点代表了每帧数据的平均值

尖端曲率与生长速率的关系与已有的枝晶扩散控制模型[166,185]相符合。尖端曲率越高，尖端部分的浓度梯度越明显，从而导致了枝晶的生长速率越快。海藻状纳米结构的尖端生长主要受以下3个方面因素的影响：一是液体池为薄液层体系，液体的扩散速度比宏观液层中慢几个数量级；二是纳米级枝晶的尖端曲率远高于宏观枝晶的尖端曲率；三是过饱和的前驱体对尖端生长也起到了促进作用。

虽然对于以上几个因素之间的相互关系尚未完全确定，但是已观察到的纳米枝晶生长趋势与尖端曲率之间的函数关系说明：单体增加的能量垒与尖端前部的单体扩散的能量垒相比是可以忽略的。尖端曲率与生长速率在取对数后的关系是线性关系，曲率约为 1，如图 3-9b 所示，与 Ivanstov 在 1947 年预测的结果相近。此外，由于该体系并非是一个稳定的静态系统，因此以上反应机理只能够定性说明，无法实现定量分析。

3.3.3　铁氧化物纳米枝晶尖端分裂的影响因素

纳米枝晶每个分支的尖端分裂形式控制了纳米枝晶的形状。典型的尖端分裂图如图 3-10 所示，从 0 s 和 0.5 s 的 TEM 图片中的一个分支尖端，逐渐生长为 1.0 s 的 TEM 图片中的两个边缘生长更快的分支，并分裂成 1.5 s 的 TEM 图片中的两个新的尖端，最终在 2.0 s 的 TEM 图片中每个尖端再继续生长成为两个独立的分支。

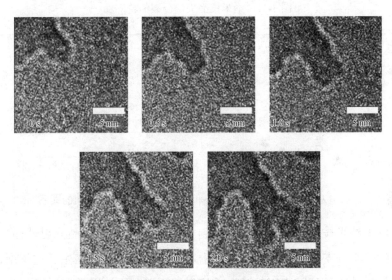

图 3-10　纳米枝晶尖端分裂的透射图片

与图 3-10 对应的尖端的轮廓图如图 3-11 所示，随着时间的推移，尖端的轮廓轨迹图从浅灰色变化为黑色。图中尖锐的纳米枝晶尖端在生长过程中逐渐变平、变宽，生长过程中的前端扁平化现象可能是由于生长过程中的波动引起的。随后，一个分支尖端分裂成为两个独立的尖端。

为了分析纳米枝晶分支尖端曲率与尖端分裂的关系，分别对枝晶生长分裂过程中尖端中心和边缘位置的曲率变化进行测量分析，结果如图 3-12 所示。随着纳米枝晶的生长，尖端变平，纳米枝晶尖端中心部分的曲率逐渐变小，而边缘部分的曲率则越来越大。尖端曲率越大，生长速率越快，引起边缘部分的生长速率更快，从而导致一个枝晶分支尖端分裂为两个分支。

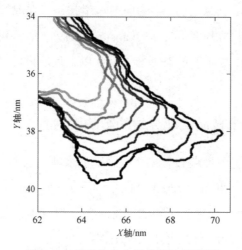

图 3-11   纳米枝晶尖端分裂的轮廓图

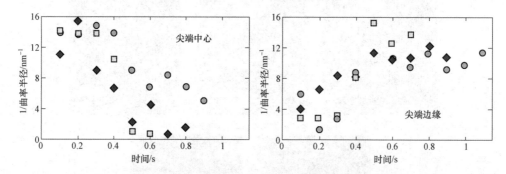

图 3-12   测量枝晶尖端的中心和边缘部分的曲率与时间的关系

总结以上纳米枝晶分裂的形式，得到如图 3-13 所示的枝晶分裂过程的示意图。纳米枝晶的一个分支具有尖锐的尖端，沿着尖端方向生长；在生长过程中，由于受到周围液体波动等各种因素影响，生长的尖端逐渐扁平；当尖端边缘部分的曲率大于尖端中心部分的曲率时，尖端边缘的生长速率更快，导致一个分支尖端分裂成两个分支，并继续沿着两个分支方向生长。

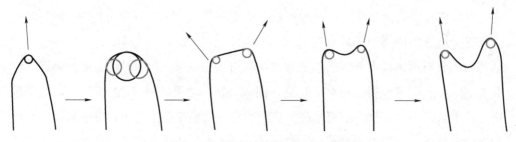

图 3-13   枝晶分裂过程的示意图

纳米枝晶的尖端分裂过程能够使用已经建立的描述枝晶尖端不稳定性分裂模型[164-166]来分析。根据这些模型可以得出，当枝晶的尖端半径大于该形貌不稳定的最短波长时，该枝晶尖端会产生分裂[165]。在实验和计算方面，微米级别的枝晶变宽以及尖端分裂已经得到证实[186]。由于晶体的各向异性，枝晶在微米尺度呈不对称生长[187]。与此相同，尽管纳米尺度的枝晶生长是非晶的，但依然是不对称生长，两个尖端中的一个分支快速生长，成为主导部分。

本实验观察到的尖端分裂和生长行为直接证明了枝晶不稳定分裂模型同样适用于纳米尺度的枝晶尖端分裂。

3.3.4　前驱体扩散对铁氧化物纳米枝晶生长的影响

铁氧化物纳米枝晶生长过程中，每个枝晶分支间的距离很近，因此对于前驱体的竞争会严重影响纳米枝晶的形貌。例如，图 3-14 中 0.0 s 的 TEM 图片用箭头标记了 4 个初始状态相似的枝晶分支。从 0.0 s 到 2.0 s 的生长过程的 TEM 图片中，两个用白色箭头标记的分支只有一个尖端，并逐渐停止生长；而另外两个用深色箭头标记的分支快速生长，在 2.0 s 时，深色箭头标记的一个分支出现尖端分裂现象。白色箭头标明的两个分支的尖端十分尖锐，这两个分支停止生长与尖端曲率没有直接关系。

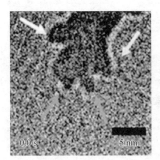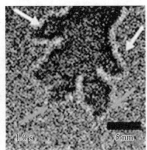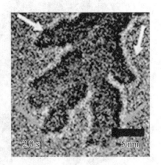

图 3-14　枝晶 4 个尖端的生长情况

本实验对于这两个铁氧化物纳米枝晶的分支停止生长的原因提出假说：前驱体的扩散与耗尽影响纳米枝晶的继续生长，即纳米枝晶中相邻分支在生长过程中竞争前驱体，对彼此的生长产生影响。

为了验证以上假说，通过铁氧化物的纳米枝晶尖端的枝晶密度与生长速率的关系进行分析。枝晶密度的测量方法如图 3-15 所示，将需要测试的尖端标记为"T"，之后，以尖端为中心做圆，测量在该圆中周围的铁氧化物纳米枝晶占据的百分比；该圆的半径可以修改，相应的密度进行重新计算即可。

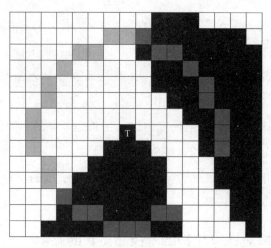

图 3-15　测量枝晶尖端附近的枝晶密度

该枝晶密度测试方法同样适用于实际枝晶，结果如图 3-16 所示。图 3-16a 是测

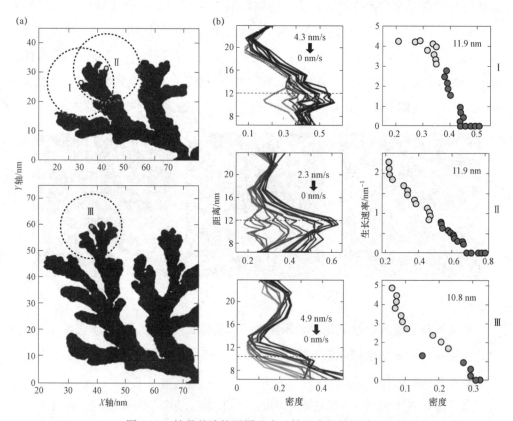

图 3-16　枝晶前端的周围分支对枝晶生长的影响：

（a）海藻状枝晶的轮廓图及 3 个环境不同的尖端；（b）线图是 3 种尖端采用不同直径的圆分析其密度变化，
点图是选择变化最显著的一个半径时生长速率与环境密度的关系

量的图像，其中分别用灰色的圆点标识了 3 个不同的枝晶分支前端位置（Ⅰ、Ⅱ和Ⅲ）作为实验测量点，采用灰色的虚线圆标明测量的范围。

改变圆的半径，能够得到相应的密度值，通过将枝晶生长过程中圆的半径（Y 轴）与枝晶填充的密度值（X 轴）作函数，结果如图 3-16b 左边一列所示。图中，测试的圆形半径为 0～30 nm，枝晶尖端的填充密度随着测量半径的变化发生波动，使用不同灰度的颜色对生长速率进行区分，从浅灰色到黑色表明生长速率逐渐降低。图中当半径间距为某一个固定值时（为 10～12 nm），枝晶的填充密度与生长速率具有显著的关联性。当圆的半径大于或小于该范围（为 10～12 nm）时，枝晶密度与生长速率之间的关联性下降，说明该距离的分叉对尖端生长的影响变小。

选取变化最明显的半径距离与生长速率作图，如图 3-14b 右边一列所示。图中，圆点代表生长速率，随着颜色逐渐变为黑色，表明生长速度逐渐降低，并趋于停止生长。图中当填充密度越低时，生长速率越快；当枝晶密度显著增加时，枝晶尖端停止生长。

二维纳米枝晶生长过程中，相互靠近的枝晶分支周围的前驱体一定会被完全消耗，而且没有从其他溶液区域向该区域补充前驱体的现象。枝晶生长时，仅仅向外、向远处生长，中心地带的分叉不会再生长，这一现象能够证明以上结论。

枝晶尖端耗尽的模型：枝晶尖端的生长耗尽局部前驱体，导致只有生长较远的尖端可以接触到新的前驱体而继续生长，而没有在生长前部的尖端生长速度变慢，并逐渐耗尽局部前驱体后停止生长。

综合影响枝晶生长速率和形貌的因素分析：枝晶分支的尖端曲率和前驱体扩散/耗尽决定枝晶生长速率，而尖端分裂影响枝晶的形貌发展。在该体系中，不同分支竞争前驱体，各向异性的枝晶生长是由生长速率和尖端半径决定的，该情况与理论预测的不稳定性引起的尖端分裂一致[164-166]。

3.3.5　电子束诱导铁氧化物球粒纳米结构的生长

上述小节详细解析了尖端曲率和前驱体扩散、耗尽对纳米枝晶生长的影响，以及尖端曲率对尖端分裂的影响。而提高前驱体溶液中无水硝酸铁的浓度后，其他条件不变，能够得到铁氧化物的球粒状结构，其生长过程如图 3-17 所示。首先，在电子束作用下，液体池中得到了大量纳米颗粒；当几个纳米颗粒逐渐靠近到一定距离后，停止靠近，并开始以纤维状逐渐向径向方向生长；最终得到二维的球粒状纳米结构，并继续保持径向生长。由于反应前端前驱体溶液消耗的影响，两个或多个球粒相遇时，两者会互相协调，相遇处停止生长。

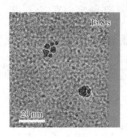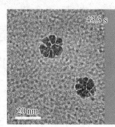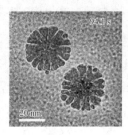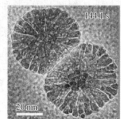

图 3-17　球粒结构的生长

改变辐照前驱体溶液的液体层厚度，在同一浓度的前驱体溶液中得到形貌相似的球粒状结构，如图 3-18 所示。在不同液体层厚度下，依然得到了球粒状纳米结构，该现象说明，电子束辐照条件下，前驱体溶液的液体层厚度对有些材料合成的影响可以忽略。原位液体透射是一种应用十分广泛的研究纳米颗粒形成和转变的有力工具。

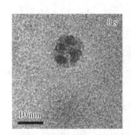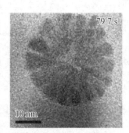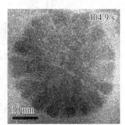

图 3-18　球粒纳米结构在液体层略厚的溶液中的生长

3.3.6　铁氧化物纳米球粒结构的尖端分裂

球粒纳米结构形成过程中纤维状分支的变化情况如图 3-19 所示，每一个分支都经历了一系列尖端分裂，最终得到球粒纳米结构。将 TEM 图片中每一个纳米颗粒分别标记为 1～5，随着时间的推移，最初的纳米颗粒生长成为许多分支。通过测量可知，每个纤维状分支稠密地排列在一起，分支间距约为 1 nm，各分支间相互影响，并竞争前驱体溶液。当每个分支相互靠近时，受表面活性剂斥力作用的影响，稠密的分支间会保持一定间距。

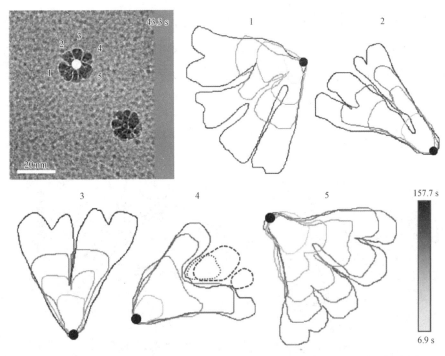

图 3-19 纳米球粒结构每个分支从颗粒生长为分支的球粒的生长过程轮廓图

跟踪每个纳米颗粒到球粒结构的生长过程中尖端分裂产生分支的数量，结果如图 3-20 所示。图中不同纳米颗粒在不同时间开始分裂，并最终得到不同分支数量的球粒状纳米颗粒。编号为 1 的纳米颗粒的分支最多，最终分裂成 8 个分支；而编号为 4 的纳米颗粒由于前端出现新的纳米颗粒形核，导致最终只有 3 个分支。

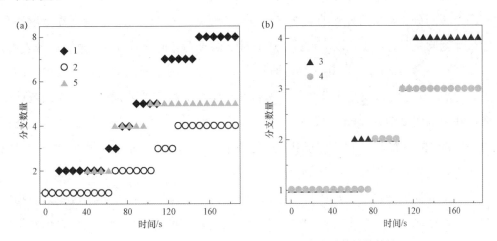

图 3-20 对图 3-19 中 5 个纳米球粒的尖端分裂数量的统计

将每个颗粒尖端分裂前的尖端宽度命名为 λ_1，而将第一次分裂后产生的两个新的分支分别命名为 λ_{11} 和 λ_{12}，而再次分裂后，分别将 λ_{11} 分裂的分支命名为 λ_{111} 和 λ_{112}，以此命名方法类推。如图 3-21 所示，以分支 1 和分支 2 示意该命名方法下每个尖端和新的分支的名称，对于 5 个分支，均采用该方法命名。

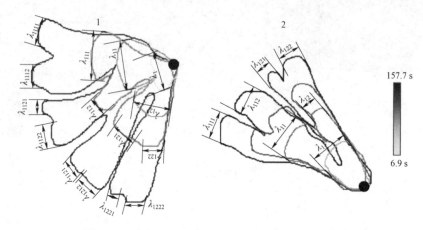

图 3-21　纳米球粒结构每个分支的命名及宽度测量

经统计得到，纳米尖端的宽度随着时间的变化如图 3-22 所示。图中列出了 5 个纳米分支的尖端宽度随着时间的增加发生的变化，观察 5 个分支的生长和尖端分裂情况，发现对于每一个分支来说，随着时间的增加，尖端宽度保持在一个相对稳定的范围内，或者逐渐增大。从图中可以看出，尖端宽度相对稳定的分支，会保持一个分支的情况，沿径向向外生长；而宽度增大的分支，当尖端宽度增大到 5.5～8.5 nm 时，纳米尖端开始分裂，得到两个新的宽度较小的尖端，并沿径向生长，得到两个新的分支，新的分支的尖端宽度进一步稳定地径向生长，或者尖端宽度逐渐增大地径向生长，并重复以上过程。其中对于编号为 4 的纳米分支，第一次分裂时，尖端宽度约为 7.8 nm，当其分裂为编号为 λ_{11} 和 λ_{12} 两个新的分支后，其中新的分支 λ_{11} 的尖端宽度以较慢速度增长，保持在一定相对稳定的范围内，截止到统计结束，其尖端宽度约为 5 nm，没有进行再一次分裂；而新的分支 λ_{12} 则在其尖端宽度约为 5 nm 的位置发生了二次分裂，这是由于第二相的出现影响了其正常分裂，第二相的影响将在下一节进行详细研究。

根据前期的球粒结构相关研究报道，纤维分支的宽度与前驱体溶液中杂质物相的扩散宽度成正比。在本工作中研究发现，当尖端宽度达到一个确定值，会发生周期性尖端分裂，因此得出纳米球粒结构尖端分裂是波动驱动的。这与不稳定性导致分裂的经典尖端理论相一致。尖端分裂后，新形成的分支朝相似的方向生长，除非外来的第二相纳米颗粒进入原来的分支中间。

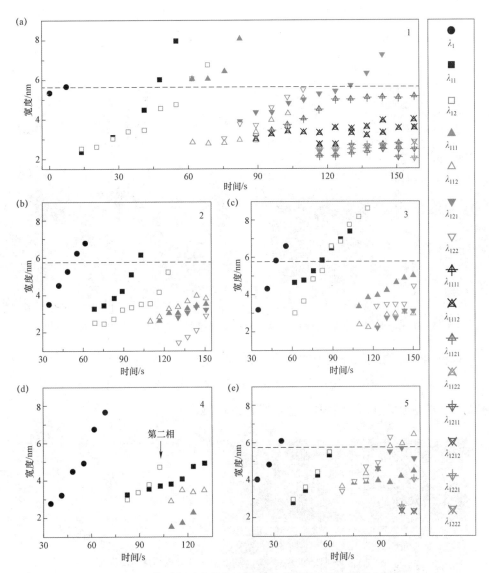

图 3-22　5 个颗粒形成的每个分支的宽度随时间的变化过程

3.3.7　铁氧化物纳米球粒结构的生长速率及影响因素

球粒状纳米结构生长过程中，可以观察到大量第二相形核的纳米颗粒，如图 3-23 所示。第二相纳米颗粒的出现及生长在图中用箭头标出。第二相纳米颗粒的生长对球粒纳米结构形成产生一定影响，在 Ⅰ 和 Ⅲ 中，纳米颗粒的出现改变了原始分支的形状，将其从凸改变为凹，以适应纳米颗粒的融入。而在 Ⅱ 中，纳米颗粒在两个分支中间，两个分支生长过程中发生弯曲以适应新的纳米颗粒的出现及其后续分支的生长。在所有的第二相颗粒出现后，分支均沿着径向纤维生长，在后期的生长过程中，新生长成的分支与原始分支无法区分。

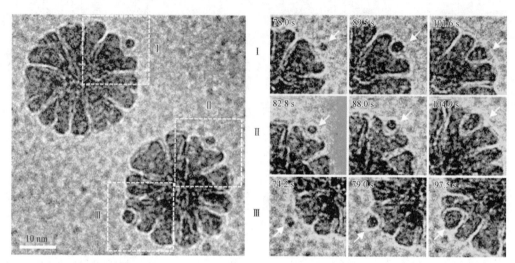

图 3-23　纳米球粒径向生长前端形成第二相纳米颗粒的生长过程（图中放大倍数相同）

球粒纳米结构生长过程中的另一个重要特征是在球粒前端有一层固体沉积物，如图 3-24a 所示。前端沉积层的厚度随着时间增加而增加，如图 3-24b 所示，并且随着时间的增加，沉积物的厚度增加得越来越快。

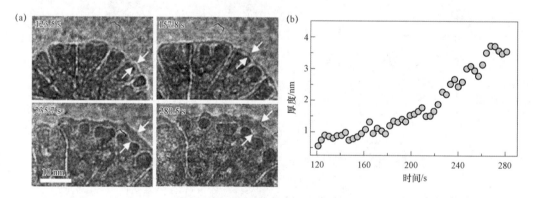

图 3-24　前端沉积物的表征：
（a）一系列表明前端沉积物厚度变化的 TEM 图片（图中放大倍数相同）；
（b）前端沉积物厚度变化的曲线结果

在球粒状纳米结构的反应前端出现了第二相形核和沉积物，新出现的第二相及原始分支将消耗前驱体溶液，反应前端的过饱和度随着反应时间的增加而降低。

为了定量分析球粒结构的生长速率，对不同的球粒生长过程中球粒半径随着时间的变化进行了测试分析，测试结果如图 3-25 所示。图 3-25a 为 3 个球粒结构的 TEM 图片，分别将 3 个球粒结构命名，并对 3 个球粒结构生长过程中的半径变化进行测量，测量方法如下：测量球粒结构的圆形面积，并计算出其半径，对比不同时间的半径变化，得到了图 3-25b、图 3-25c 和图 3-25d 中的曲线。在图 3-25b、图 3-25c 和图 3-25d 中，半径 R 与时间 t 在前期为线性变化，后期为非线性变化。

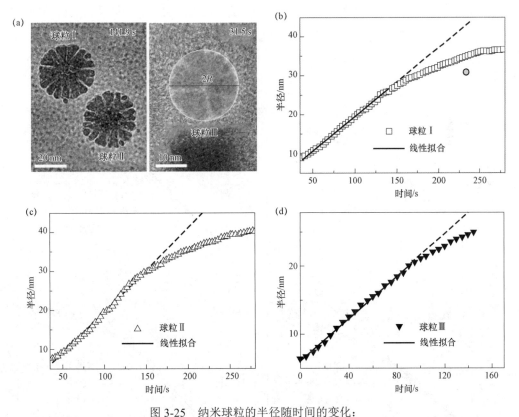

图 3-25　纳米球粒的半径随时间的变化：

（a）标记了 3 个球粒结构的 TEM 图片；（b—d）3 个球粒结构的半径随时间的变化曲线图

多个因素可能会影响纳米球粒结构的生长速度。例如，前驱体溶液中的离子吸附到径向分支上的活化能、溶液浓度和生长温度、电子束和液层厚度等。基于图 3-25中的测量结果和已经发表的研究，生长速率（G）与活化能（ΔE）和温度（T）之间的关系为：

$$G = G_0 e^{-\Delta E/kT} \tag{3-1}$$

式中，G_0 为常数；k 是与溶液浓度相关的常数。公式（3-1）十分科学地解释了实验中前期线性生长的结果。在确切的生长条件下，活化能和温度固定，生长速率就确定。

后期的非线性生长可能是由 3 种因素导致的。第一种因素是由于纳米分支前端的沉积层和第二相形核消耗前驱体，球粒结构的生长模式从反应控制转变为扩散控制，因此，其生长模式从线性生长转变为扩散生长的 $r \propto t^{0.5}$，如图 3-26a 和图 3-26b 所示。第二种因素是由于纳米分支前端沉积层和第二相形核消耗前驱体及溶液中前驱体的耗尽，纳米分支前端的过饱和度降低，从而导致与溶液浓度相关的常数 k 降低，引起纳米分支生长速率的降低。第三种因素是纳米分支前端沉积层引起纳米分支生长的活化能改变，从而引起纳米分支生长速率的降低。如图 3-26c 和图 3-26d 所示，随着生长时间的增加，纳米分支的生长速率逐渐降低。

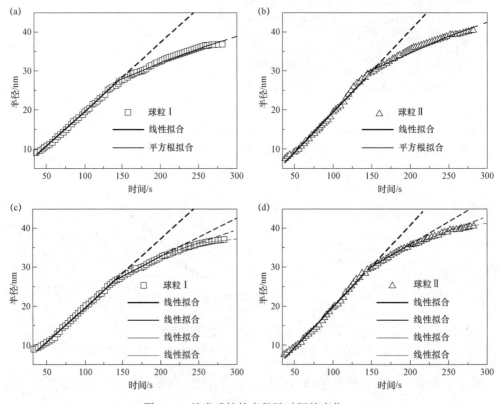

图 3-26　纳米球粒的半径随时间的变化：
（a）（b）两个球粒结构半径随时间变化的曲线及其后段扩散拟合的曲线；
（c）（d）两个球粒结构半径随时间变化的曲线及其线性拟合的结果

3.3.8　电子束诱导铁氧化物球粒结构的结晶过程分析

对纳米球粒进行高倍透射分析，并对单晶的分支或区域进行标记，如图 3-27

所示。最终形成的纳米球粒结构为多晶结构，且每个分支表现出不同的晶向，每个区域中的晶向在生长过程中发生改变。如图 3-27b 所示，分支前端和主分支表现出相似的晶格方向，且两者衬度不同，说明它们之间存在着厚度的差别。

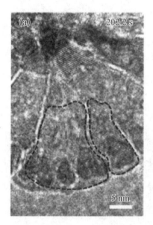

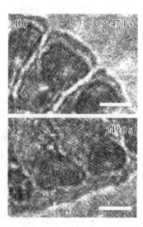

图 3-27　球粒纳米结构的高倍透射图片，所有图片的标尺均为 5 nm：
（a）标志了单晶区域的 TEM 图片；（b）尖端固体沉积物的 HRTEM 图片

对球粒分支进行衍射分析，结果如图 3-28 所示。衍射图片证明纳米枝晶是由三氧化二铁水合物（Ferrihydrite）和四氧化三铁（Fe_3O_4）两种铁的氧化物组成。

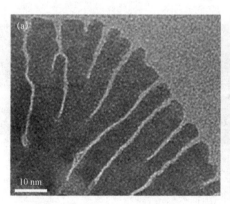
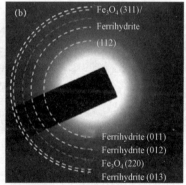

图 3-28　纳米球粒的表征：
（a）TEM；（b）选区电子衍射图片

通过对枝晶进行 STEM 和 EDS 面扫表征，进一步证明枝晶的成分为铁的氧化物，结果如图 3-29 所示。其中，图 3-29a 为 HAADF 的 STEM 图片。图 3-29b 为 Fe 元素的面分布，铁元素主要分布于纳米枝晶上，进一步证明局部溶液中铁前驱体在纳米枝晶生长过程中几乎被消耗殆尽的假说。图 3-29c 为 O 元素的面分布，氧元素在所有位置都存在，并且因为溶液中氧元素的存在，导致枝晶与溶液界限不易区分。

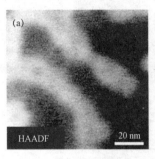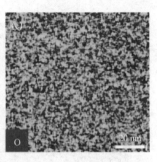

图 3-29　晶体纳米球粒的 STEM 和 EDS 面扫:
（a）HAADF；（b）Fe 元素的面扫；（c）O 元素的面扫

对铁氧化物纳米球粒结构的生长和结晶过程中得到的高倍 TEM 图片进行跟踪分析，研究纳米枝晶的结晶过程。首先利用采集到的 HRTEM 图片转化得到 FFT 图片；然后提取出 FFT 图中的衍射斑点信息，并测量分析 FFT 图中衍射斑点对应的晶面间距；最后与 Fe_3O_4 和三氧化二铁水合物的晶面间距信息做比较，寻找到每个间距对应的物相。

FFT 图中的衍射斑点信息如图 3-30 所示。深灰色箭头代表晶体 Fe_3O_4 的晶面间距，浅灰色代表晶体三氧化二铁水合物的晶面间距，白色代表 Fe_3O_4 和三氧化二铁水合物、$\alpha\text{-}Fe_2O_3$ 等晶体重合的晶面。

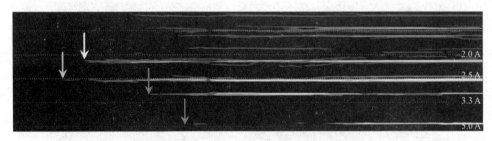

图 3-30　FFT 中衍射斑点的间距对应的物相分析

根据 FFT 图中衍射斑点分析出的物相结果，分别对 FFT 图中斑点上色，并以 FFT 图反转寻找出原始 HRTEM 图片中每个物相对应的位置，结果如图 3-31 所示。图中白色实线框内部分代表晶体 Fe_3O_4，白色短线框内部代表晶体三氧化二铁水合物，而白色点线框内部分代表 Fe_3O_4 和三氧化二铁水合物、$\alpha\text{-}Fe_2O_3$ 等晶体重合的晶面，下方为相应的 FFT 图。图中左上的纳米枝晶中，首先在 66 s 出现大量短线的区域，然后 135 s 时实线的区域大量出现，说明在结晶过程中，首先生成三氧化二铁水合物晶体，之后才产生 Fe_3O_4 晶体。

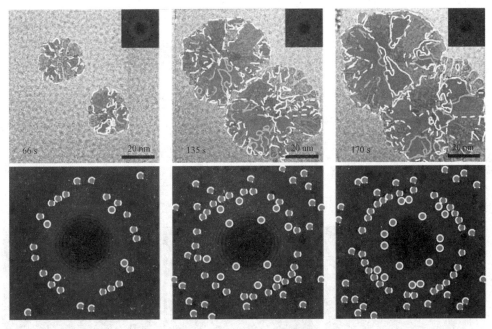

图 3-31　纳米枝晶生长过程中物相叠加的 TEM 图片及相应 FFT 图片

对铁氧化物纳米枝晶生长和结晶过程中不同时间阶段的物相进行分析，结果如图 3-32 所示。图中黑色部分代表 Fe_3O_4 晶体，深灰色部分代表三氧化二铁水合物晶体，而浅灰色部分代表 Fe_3O_4、三氧化二铁水合物和 $\alpha\text{-}Fe_2O_3$ 等晶体中晶面间距重合的部分。铁氧化物纳米枝晶生长和结晶的过程中，从多个团簇种子首先形成非晶的铁氧化物；随着反应时间的增加，逐渐生成三氧化二铁水合物晶体；随着反应时间的继续增加，得到更稳定的 Fe_3O_4 晶体。

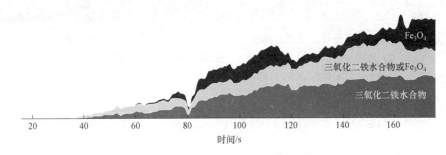

图 3-32　纳米颗粒生长过程中两种铁氧化物晶体的生长情况随时间的变化

新生成的四氧化三铁可能是从三氧化二铁水合物转化为 Fe_3O_4，也可能是直接从非晶铁氧化物转化为 Fe_3O_4 晶体。有文献报道[188-190]证明，当反应液中存在多余的铁元素时，能够诱导三氧化二铁水合物的脱水和重排，最终转化为 Fe_3O_4。也有文献报道[191]证明非晶铁氧化物可以转化为 Fe_3O_4。

通过对球粒纳米晶的生长和结晶的分析，说明四氧化三铁是一个更稳定的物相。为了进一步验证，对于快速生长得到的海藻状非晶纳米枝晶，在 40 ℃条件下加热 24 d 和 36 d 后进行表征，结果如图 3-33 所示。图 3-33a 所示的 TEM 图片及其相应的 FFT 说明，在加热 24 d 后，非晶物相转化为两种氧化物晶体的混合物，其中白色的线圈对应于晶体三氧化二铁水合物，浅灰色点对应于晶体 Fe_3O_4，HRTEM 对应于黑色实线框中的 Fe_3O_4 的局部高倍图。图 3-33b 的 TEM 图片及相应的 FFT 说明，在加热 36 d 后，原始的非晶物相完全转化为 Fe_3O_4 晶体，HRTEM 对应于黑色虚线框中的局部高倍图。

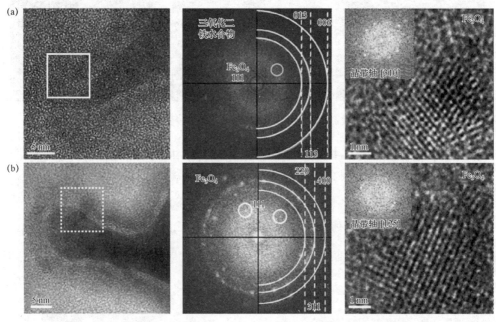

图 3-33　海藻状纳米枝晶在 40 ℃加热条件下非晶物相转化为晶体：
（a）加热 24 d 后，产物的 TEM 图片、相应的 FFT 和局部的 HRTEM 图片；
（b）加热 36 d 后，产物的 TEM 图片、相应的 FFT 和局部的 HRTEM 图片

3.3.9　电子束诱导纳米球粒结构和纳米枝晶的生长与结晶

对铁氧化物纳米枝晶和球粒两种多级结构的生长与结晶的转化过程进行总结，示意图如图 3-34 所示。

图 3-34a 为铁氧化物纳米球粒结构的生长与结晶过程的示意图，纳米颗粒互相影响，沿着径向生长，且每个颗粒的生长速度相似，得到了纳米分支结构。当纳米分支的尖端变宽到一定程度，进行尖端分裂，得到两个新的分支，并继续生长和分

裂，最终得到球粒结构。纳米球粒在前期生长过程中为线性生长，后期由于生长模式、前驱体浓度或者活化能等变化，其转变为非线性生长。此外，第二相沉积会影响纳米球粒的形貌和生长速度。由于反应控制，球粒生长速度比较缓慢，生长与结晶同时存在。在球粒结构生长的过程中，发生结晶和晶体转变过程，最终得到非晶、三氧化二铁水合物和 Fe_3O_4 同时存在的纳米球粒结构。

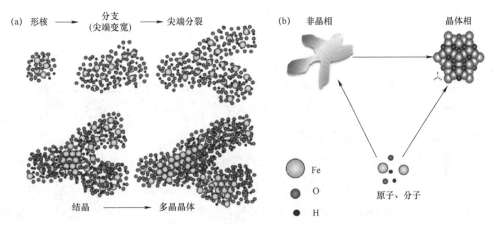

图 3-34　生长与结晶示意图：
（a）纳米球粒结构；（b）纳米枝晶结构

图 3-34b 为铁氧化物纳米枝晶结构的生长与结晶过程的示意图，纳米枝晶是由扩散控制的生长，其分支生长速度十分快，可快速生长为非晶纳米枝晶。尖端曲率越大，生长速度越快；前驱体越充足，生长速度越快。而尖端曲率影响前端分裂，从而影响纳米枝晶的结构。首先非晶铁氧化物快速生长；随着辐照或者放置时间的增加，非晶铁氧化物转化为三氧化二铁水合物和 Fe_3O_4 同时存在的纳米枝晶结构；最终转变为四氧化三铁纳米枝晶结构。

3.4　本章小结

在本章，我们利用电子束极性与磁性介质的作用，诱导和促进铁氧化物纳米分级结构的生长与结晶。利用原位液相透射电镜跟踪分析纳米枝晶的生长与结晶过程，证明枝晶在纳米尺度生长的可行性，并对枝晶生长的影响因素和结晶的过程进行分析研究。

枝晶分支的尖端曲率和前驱体扩散/耗尽决定枝晶生长速率：枝晶分支的尖端曲率越大，纳米枝晶的生长速率越大；枝晶尖端的生长耗尽局部前驱体，导致只有生长较远的尖端可以接触到新的前驱体而继续生长，而没有在生长前部的尖端生长速度变慢，并逐渐耗尽局部前驱体后停止生长。

尖端分裂影响枝晶的形貌发展：枝晶生长过程中由于波动导致分支的前端逐渐变平，导致前端的边缘部分曲率更大，生长速率更快，从而导致一个枝晶分支尖端分裂为两个分支。

我们利用原位液体透射电镜跟踪观察球粒多晶纳米结构的形成过程，分析反应前端的生长动力学和性能。分支的尖端分裂发生在一个特定的尺寸范围内（5.5～8.5 nm）。分支前端的第二相形核后期生长为径向分支，而前端的沉积层随着反应时间的增加而逐渐增大，分支前端的变化对其局部过饱和度产生影响。前期球粒为反应控制的生长，其径向生长速度为线性变化，而后期由于生长模式、前驱体浓度或者活化能等变化，其生长速度会转变为非线性变化。

电子束辐照条件下，纳米多级结构的晶体转化过程如下：非晶铁氧化物逐渐转变为非晶相、三氧化二铁水合物与四氧化三铁共存的状态；随着电子束辐照时间的增加，最终转化为 Fe_3O_4 晶体。对于纳米枝晶结构，由于其生长速度极快，首先得到非晶纳米枝晶结构，后期电子束继续辐照、加热或放置，使非晶纳米枝晶转变为非晶相、三氧化二铁水合物与四氧化三铁共存的纳米枝晶，最终得到 Fe_3O_4 纳米枝晶。而对于纳米球粒结构，由于其生长速度较慢，生长与结晶同时存在，在电子束辐照情况下，生长得到非晶相、三氧化二铁水合物与四氧化三铁共存的纳米球粒结构。

第4章

电子束诱导和调控铅纳米颗粒的相转变

4.1 本章引言

在自然界中，不同物质具有不同的存在形式和状态，它们在外界环境的刺激作用下会在不同状态之间发生转变。例如，日常生活中水、冰和水蒸气在不同温度和压力下发生的转变。由于物质尺寸越小，其不同状态间转化的阈值越低，因此，纳米材料易于实现由外界刺激诱导的相转换。例如，加氢诱导的铂的相转变[192]、激光诱导的金刚石与洋葱碳结构的可逆相变[193]、电子束诱导的硫化亚铜的相转变[194]等。由于纳米晶的结构和形貌对性能的影响十分巨大，研究纳米晶的相转变对于其在能量转化和储存[195-198]、生物成像[199-201]、光子学[202-204]等方面的应用具有重大意义。

近年来，具有高空间分辨率的原位透射电镜技术被引入到纳米晶的动态研究中[193,194,205]。表面扩散控制导致的小于 10 nm 的银纳米晶的类液体变形[206]、机械应变（剪切）驱动硅纳米晶由金刚石立方结构到金刚石六方结构最终形成非晶结构的转变过程[207]、氧化和还原影响铑纳米晶的可逆形貌变化[208]、Cu 在水或氢气等气体中的形状转变[209]等大量关于真空或者气体环境中纳米晶的转化已经被研究证实。然而，液相环境中的相转变还难以被观察和捕捉，而液相环境中的相转变在催化[198]、电池[210]、药物传递[211]、生物成像[212]等应用中广泛存在。因此，液相环境中纳米晶的相转变形式和机理研究，可能会对纳米晶的应用和发展提供新的思路和重要的进步。

在上一章中，我们采用自制普通液体池[6]，观察纳米分级结构的形成，低电子能量的电子束对于其形成过程的影响较小，几乎可以忽略。在本章，我们将研究电子束强度对液体环境中低熔点铅纳米晶的变化状态和转变机理的影响。具体来讲，以三甘醇（TEG）作为溶剂和还原剂，利用空间电荷极化和局部电场增强效应合成铅的核壳纳米颗粒，并通过调控电子束强度，研究和观察铅核壳纳米的转变。经研究发现，铅核壳纳米颗粒在强电子束作用下，可以转化为一种胶状的非晶相。通过控制电子束能量密度（低于 1 000 e/Å²/s、高于 3 000 e/Å²/s 或约为 2 000 e/Å²/s），纳米材料在铅核壳结晶固体和一种胶状的非晶类液体相之间实现可逆相转变。

4.2　实验部分

4.2.1　液体池的制备及组装

在本节，我们会采用两种类型的液体池：一种是普通液体池；另一种是电化学液体池。其中，普通液体池的制备及组装见 3.2.1 小节。

电化学液体池是以厚度为 200 μm，直径为 10.16 cm，p 型掺杂的硅片为原料，在硅片上低压沉积厚度大约为 30 nm 的氮化硅薄膜。略厚的氮化硅能够保证电极等内部结构，但降低了分辨率，电化学液体池的分辨率低于普通液体池的分辨率。电化学液体池的制备和组装步骤如下：旋涂光刻胶、光刻、KOH 刻蚀、沉积电极、铟黏结液体池、电极线的引线结合等。本实验中，电极采用金属 Au，Au 是通过热沉积法获得的；黏结材料铟的厚度约为 200 μm，In 也是通过热沉积法获得的；电极线采用 Al 电极。电化学液体池的结构示意图如图 4-1 所示。

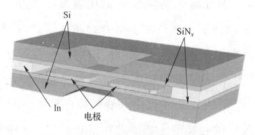

图 4-1　电化学液体池的结构示意图

4.2.2　前驱体溶液的注入

本实验的前驱体溶液是 0.05 mol/L 的乙酰丙酮铅的三甘醇溶液。使用注射器及内管径约 50 μm 的石英纳米管将大约 300 pL 前驱体溶液注入液体池中，之后将注液口封上，晾干后检漏待用。

4.2.3　电子束调控及原位观察

采用电子束聚焦辐照的方式还原前驱体溶液中的金属离子。首先，采用较强电子束辐照前驱体溶液约 20 s，得到大量的金属原子；然后，将电子束散开以降低电子束能量密度，观察核壳纳米颗粒形核、生长；随后，通过调控电子束光斑面积的大小，调节电子束能量密度的大小，控制电子束能量密度在低于 1 000 e/Å²/s、高于 3 000 e/Å²/s 和约为 2 000 e/Å²/s 三种条件下辐照纳米材料，利用原位透射电镜观察铅纳米晶在核壳纳米颗粒和胶体非晶相之间的可逆相转变过程，并探究其转变机理。

4.2.4　热解法合成铅纳米颗粒

铅纳米颗粒的合成方法参考 2012 年 Akimov 等[213]发表的合成方法，并结合实验室条件合成铅纳米颗粒。首先使用热注入法合成硬脂酸铅粉末，之后使用热解法得到铅纳米颗粒，具体步骤如下。

0.356 7 g 硝酸铅与 2 mL 去离子水混合，0.659 7 g 硬脂酸钠（NaSt）与 20 mL 去离子水置于三口烧瓶中混合，搅拌并加热到 90 ℃，将硝酸铅的溶液逐滴加入 NaSt 溶液中，产生大量白色沉淀，用去离子水清洗，并于 70 ℃条件下真空干燥，得到硬脂酸铅（PbSt）的白色粉末。

取用 0.05 mol/L PbSt，质量约为 0.306 9 g，与 8 mL 辛醇混合，在 N_2 保护下搅拌并加热到 120 ℃至 PbSt 完全溶解，随后升温至 280 ℃并保持一定时间，透明溶液颜色由黄色依次变成绿色、棕色，最终变成黑色后，停止加热，待溶液冷却至室温后用乙醇清洗，并于 60 ℃条件下真空干燥。

4.2.5　电化学测试

本节中的非原位电化学反应采用三电极法，观察和分析铅纳米颗粒在不同电位范围内的变化，实验装置如图 4-2 所示。

首先，将合成的铅纳米颗粒分散在乙醇溶液中，并在铜网上制样。然后，将该铜网用导电胶粘贴于 Pt 片上作为工作电极。对电极是面积与工作电极相同的 Pt 片。参比电极是非水溶液 Ag/Ag^+ 参比电极，参比电极的电解液为 0.01 mol/L 硝酸银的三甘醇溶液。三电极的电解液为 0.05 mol/L（或 0.005 mol/L、0.01 mol/L）乙酰丙酮铅的三甘醇溶液或 0.05 mol/L 乙酰丙酮铂的三甘醇溶液。

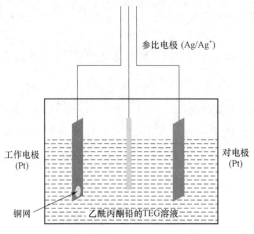

参比电极 (Ag/Ag⁺)

工作电极
(Pt)

对电极
(Pt)

铜网

乙酰丙酮铅的TEG溶液

图 4-2　三电极实验装置示意图

4.3　结果与讨论

我们利用原位液体透射电镜可控合成铅核壳纳米颗粒，通过改变电子束能量密度实现在铅核壳纳米晶与一种胶体非晶相之间的可逆相转变，并对其转化机理进行探究。

4.3.1　电子束诱导铅核壳纳米颗粒的形成

核壳纳米晶的形核与生长过程如图 4-3 所示。图 4-3a 为生长过程的透射图片，前驱体溶液（乙酰丙酮铅的三甘醇溶液）在约 20 s 较高能量密度的电子束辐照后，将电子束散开，电子束能量大约为 1 000 e/Å²/s，能够观察到大量金属原子团聚，如图 4-3a 所示。在 0.0 s 时箭头标明颜色较深的形核点已经出现。随着辐照时间增加，形核处纳米颗粒快速长大，衬度也越来越深。在纳米颗粒生长过程中，颗粒的团聚和原子生长两种生长方式同时存在，图中从 4.8 s 到 6.4 s 和从 19.2 s 到 21.6 s 都存在纳米颗粒团聚现象，相邻纳米颗粒快速团聚成一个纳米晶。经过一段时间的生长后（36.0 s），核壳纳米颗粒生长为完整的核壳结构，如图 4-3a 所示。

根据图 4-3a 中核壳纳米颗粒形核生长过程的透射图片，得到如图 4-3b 所示的核壳纳米颗粒形核生长的示意图，该图诠释了纳米颗粒的形核、生长过程，图中红色球代表铅离子，黄色球代表铅原子，浅色棒代表乙酰丙酮离子，深色棒代表三甘醇及其产生的片段。首先前驱体溶液在电子束辐照下，离子被还原得到大量的原子；随着辐照时间的增加，大量原子与溶液中的乙酰丙酮根、三甘醇或三甘醇产生的片段聚集在一起，形成一个原子的富集区域，该富集区域的原子数量随着辐照时间增加而增加；随后，富集区域中的原子快速地形核、生长，最终形成核壳纳米颗粒。

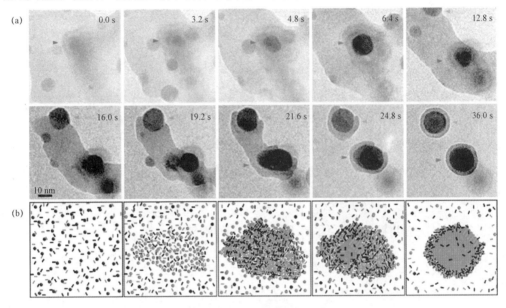

图 4-3　铅核壳纳米颗粒的形成：
（a）透射图片（图的放大倍数相同）；（b）示意图

将得到的核壳纳米颗粒进行透射表征分析，结果如图 4-4 所示。图 4-4a 是核壳纳米颗粒的低倍 TEM 图片，图中有大量核壳纳米颗粒存在，说明得到的纳米颗粒均为核壳结构，且产量较大。图 4-4b 为一个核壳纳米颗粒高倍透射图片，从 HRTEM 中可以看出核壳纳米颗粒的核为单晶结构，壳层为非晶结构。

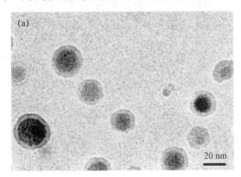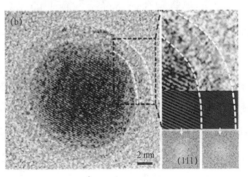

图 4-4　核壳纳米颗粒的表征：
（a）TEM；（b）HRTEM 及 FFT 图片

通过对核与壳层中黑色方框标记区域进行局部放大，得到相应的快速傅里叶变换（FFT）图和反转 FFT 图。核壳纳米颗粒中核的局部放大图中，晶格清晰可见，相应的 FFT 图进一步证明其为单晶结构，物相为铅，暴露晶面为（111）晶面，反转 FFT 图中晶格线与原始晶格完美连接；核壳纳米颗粒壳层的局部放大图中，说明壳层为非晶结构，相应的 FFT 图进一步证明其为非晶结构。铅核壳纳米颗粒的核与壳层、壳层与溶液的分界线清晰明了。以上表征证明原位合成的核壳纳米颗粒为金属铅的核壳纳米颗粒。

电子束诱导得到铅纳米晶的生长可能是由 Pb 与 TEG 及其衍生物的电阻率和电导机制的不同引起的。金属 Pb 的电阻率较低，内部存在大量自由电子，为电的良导体材料，而 TEG 及其衍生物的电阻率较高，内部存在大量共价键，难以导电，为绝缘材料。因此在电子束作用下，Pb 与 TEG 及其衍生物的界面处出现了电荷积累效应，空间电荷极化和局部电场增强，从而激发局部原子扩散，引起铅纳米晶的生长。

4.3.2　电子束调控铅核壳纳米颗粒的可逆相转变

以合成的铅核壳纳米颗粒作为初始状态，使用不同能量密度的电子束对其进行辐照，探究铅核壳纳米颗粒在不同能量密度电子束下的变化情况。

当电子束能量密度保持在约 1 000 e/Å^2/s 的强度时，铅核壳纳米颗粒稳定存在；当增大电子束能量密度到达 3 000 e/Å^2/s 时，铅核壳纳米颗粒逐渐转变为一种胶体非晶相；当保持电子束能量密度在 3 000 e/Å^2/s 及以上时，胶体非晶相稳定存在；当电子束散开，能量密度降低为 1 000 e/Å^2/s 及以下时，非晶相逐渐转变为铅核壳纳米颗粒。将电子束能量密度在 1 000 e/Å^2/s 以下和 3 000 e/Å^2/s 以上循环调整时，铅核壳纳米颗粒在纳米晶与胶体非晶相之间实现可逆相转变，变化过程的 TEM 图片如图 4-5 所示。

图 4-5 是 5 个循环过程中的 TEM 图片，其中前面五列是在电子束能量密度高于 3 000 e/Å^2/s 条件下，铅核壳纳米颗粒逐渐向胶体非晶相转变的 TEM 图片；第五列是胶体非晶相的 TEM 图片；从第五列到第十列是在电子束能量密度低于 1 000 e/Å^2/s 条件下，由胶体非晶相逐渐向铅核壳纳米颗粒转变的 TEM 图片。图中第一列和第十列均为铅核壳纳米颗粒，对比这 10 张铅核壳纳米颗粒的 TEM 图片，发现纳米颗粒的尺寸十分相近。

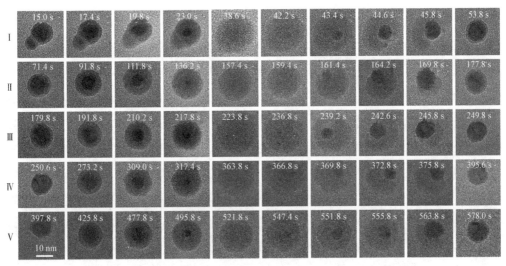

图 4-5　铅核壳纳米颗粒在高于 3 000 e/Å²/s 和低于 1 000 e/Å²/s 条件下于
核壳纳米晶和胶体非晶相之间转变的 TEM 图片（图的放大倍数相同）

为研究纳米颗粒的尺寸变化，对铅核壳纳米颗粒中晶体部分的尺寸进行统计分析，结果如图 4-6 所示。图中上面的虚线表明电子束处于高能量密度状态的时间段，而下面虚线表明电子束处于低能量密度的时间段；在虚线上分别画出 5 个和 2 个波浪箭头线，表明电子束能量密度的高低不同。图中颗粒尺寸变化结果表明，在循环过程中，当纳米颗粒处于低电子束能量密度时，胶体非晶相快速形核长大，得到晶体直径约为 10 nm 的铅核壳纳米颗粒，核的尺寸基本保持不变；当处于高电子束能量密度时，铅核壳纳米颗粒的晶体直径逐渐变小，最终完全转变为胶体非晶相。上述现象说明，铅核壳纳米晶与胶体非晶相的转化过程基本没有质量损失，该转变过程是一个可逆的相转变过程。

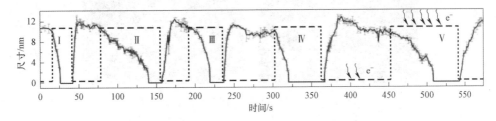

图 4-6　铅核壳纳米颗粒的核尺寸在 5 个循环中变化情况的统计结果

在铅核壳纳米晶转变过程中，选取胶状非晶相的 TEM 图片（38.6 s）及相应 FFT 图，以及相转变过程中壳层较厚的核壳纳米颗粒的 TEM 图片（45.8 s）及相应 FFT 图，放大分析观察，结果如图 4-7 所示。其中白色虚线是胶体非晶相区域与背景溶液的分界线，而黑色虚线是铅晶体相区域和胶体非晶相区域的分界线。图 4-7a 为胶体非晶纳米颗粒的 TEM 图片，图中看不到晶格，是一个完全的非晶结构，从图中的白色虚线能够明显看出，胶体非晶相在高电子束能量密度下能够稳定存在，与三甘醇溶液保持分离状态。图 4-7c 为图 4-7a 相应的 FFT 图片，图中没有衍射斑点，进一步证明该胶体物质为非晶材料，而 FFT 图中的非晶环为椭圆形，说明在相转变过程中，电子束强度及材料厚度的变化引起一定的相散问题。图 4-7b 为铅核壳纳米颗粒的 TEM 图片，图中存在两个具有晶格的区域，一个是位于相对中心位置的较大晶体，另一个是位于边缘位置的小纳米晶，从图 4-6 中第一个循环结束时依然形成一个核壳纳米颗粒的现象可以得出，在相转变过程中，纳米颗粒的生长依然存在团聚和原子生长两种模式。图 4-7d 为图 4-7b 相应的 FFT 图片，图中两组 4 个衍射斑点进一步证明核壳纳米结构的核为晶体，其物相为 Pb。

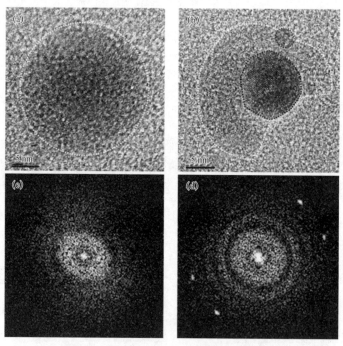

图 4-7　核壳纳米颗粒转化过程的表征：
（a）（b）TEM 图片；（c）（d）相应的 FFT 图

为了分析铅核壳纳米颗粒相转变过程中铅纳米晶的晶面变化情况，我们对采集的一系列高倍 TEM 图片进行统计分析，结果如图 4-8 所示。该图是散射角与时间的关系图。图中黑色虚线框标注的区域中，颜色更深的部分强度更强，其晶面间距主要是 0.28 nm 和 0.34 nm，分别对应于铅纳米颗粒的{111}和{110}晶面族，进一步证明晶体核的物相为铅；而白色虚线框标注的区域中，颜色更浅的部分强度更强，其晶面间距为 0.44 nm 和 0.56 nm，而对应该间距出现的时间大部分都在胶体非晶体中，说明在非晶区域中存在着短程有序的现象，也出现具有一定规律的晶面间距，对应的间距为 0.44 nm 和 0.56 nm。

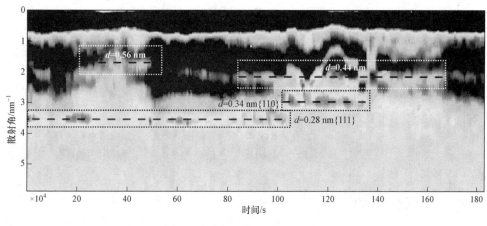

图 4-8　纳米颗粒晶面间距分析

4.3.3　电子束调控铅核壳纳米颗粒的不完全相转变

上一小节中，铅核壳纳米颗粒与非晶相之间的可逆相转变表明，在电子束能量密度高于 3 000 e/Å²/s 和低于 1 000 e/Å²/s 情况下会发生不同方向的相转变，但究竟是不同电子束能量密度诱导反应开启，还是电子束能量密度是反应进行的必要条件，仍有待证明。本小节中，通过快速调整电子束能量密度，观察核壳纳米颗粒中的相转变过程，验证电子束能量密度与相转变的关系。

快速地聚散电子束光斑大小，将电子束能量密度在高于 3 000 e/Å²/s 和低于 1 000 e/Å²/s 之间快速转变，转化过程的 TEM 图片如图 4-9 所示。当电子束能量密度高于 3 000 e/Å²/s 时，图中从 8.0 s 到 8.8 s，核中的纳米晶变小转变为非晶的壳层，导致了核尺寸减小，而壳层尺寸增加；当快速降低电子束能量密度，低于 1 000 e/Å²/s 时，图中从 8.8 s 到 9.6 s，核部分的纳米晶变大，部分壳层中的非晶物质转变为核中的纳米晶，导致了纳米核尺寸增大，而壳层尺寸减小；当长时间保持电子束较低能量时，图中从 12.8 s 到 14.4 s，纳米晶转变为具有非常薄的壳层的核壳纳米颗粒，如图 4-9 中第一列和最后一列所示。以上实验现象说明随着电子束能量密度的变化，铅核壳纳米颗粒发生定向可逆转变，从而证明电子束能量密度是铅纳米颗粒可逆相转变反应进行的必要条件。由于调整电子束能量密度速度较快，纳米核壳的转变过程不是完全地由核壳纳米颗粒转变为非晶材料或者由非晶材料转变为核壳纳米颗粒，因此称其为不完全相转变。

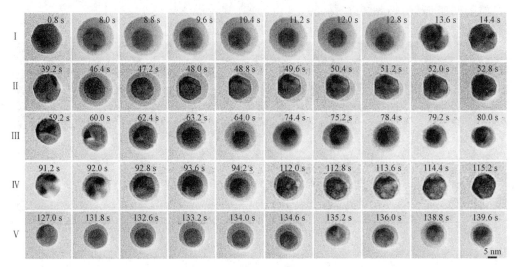

图 4-9　铅核壳纳米颗粒快速变化电子束强度的透射结果（图的放大倍数相同）

为掌握铅核壳纳米颗粒中晶体核与非晶壳层的尺寸变化规律，我们对铅核壳纳米颗粒的尺寸进行了测量，测量方法及结果如图 4-10 所示。

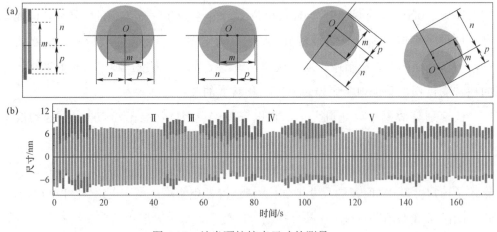

图 4-10　纳米颗粒核壳尺寸的测量：

（a）测量方法；（b）测量结果

图 4-10a 为具体测量方法：首先，测量铅核壳纳米颗粒中晶体核的直径 m，并取其中点，定义为 O 点；之后，测量从 O 到非晶边缘最近距离 p 和最远距离 n，分别与晶体半径 $m/2$ 作差后，其数值分别对应于两组壳层厚度结果，将较大壳层厚度

定义为正数，较小壳层厚度定义为负数。根据图 4-10a 所示方法测量核壳纳米颗粒核与壳的尺寸变化，结果如图 4-10b 所示。其中，黄色为核的尺寸，绿色是壳层的尺寸。从图中可以看出，在改变电子束辐照能量密度时，其核与壳尺寸随之发生变化。当长时间保持较低电子束能量密度（低于 1 000 e/Å^2/s）辐照纳米颗粒时，纳米材料向铅核壳纳米晶方向转变，当完全转变为铅核壳纳米晶时，其核的尺寸基本保持在 12 nm 左右。

4.3.4　电子束调控铅核壳纳米颗粒相转变的机理研究

为了探究铅核壳纳米颗粒与胶体非晶相之间可逆相转变的原因，了解电子束作用下，乙酰丙酮铅、三甘醇与铅原子之间发生转变的反应机理，我们进行了大量的电子能量损失谱（EELS）等分析测试以及密度泛函（DFT）和分子动力学（MD）计算。

首先，对铅核壳纳米颗粒进行 EELS 测试，分别测试反应后液体池中液体部分和壳层部分的 EELS 谱图，结果如图 4-11 所示。图 4-11a 是 STEM 图片，其中标记的两个方框中 I 是铅核壳纳米颗粒的壳层，II 是液体池中的溶液部分，图 4-11b 是相应的 EELS 谱图，壳层对应的曲线与溶液部分的曲线相比，在 C 峰的 k 边处具有一个明显的鼓包，如图中虚线圆圈区域所示，说明 C 的连接键在铅纳米颗粒的核壳区域与溶液中存在一定的差别。

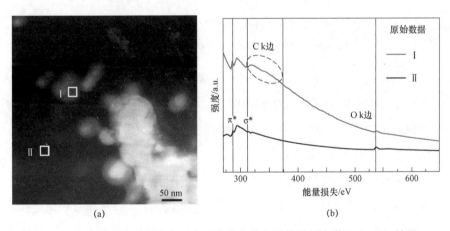

图 4-11　液体池中纳米颗粒壳层上及液体中的电子能量损失谱（EELS）结果：
（a）STEM 图；（b）EELS 结果

为了进一步确认这种不同是否来源于三甘醇分子的变化，将三甘醇纯溶液置于电子束下辐照，在不同时间采集 EELS 的 C 元素的 k 边，结果如图 4-12 所示。其中图 4-12a 是原始数据，图 4-12b 是扣除背景后的数据。随着辐照时间的增加，C

峰的 k 边在 286 eV 产生了一个小峰位，同时，在 320 eV 附近，与图 4-11 中虚线圆圈画出的区域相似位置处出现一个鼓包，并且这两处的峰强随着辐照时间的增长而变强，该变化可能是由三甘醇在电子束辐照下发生一定的离子化变化引起的。

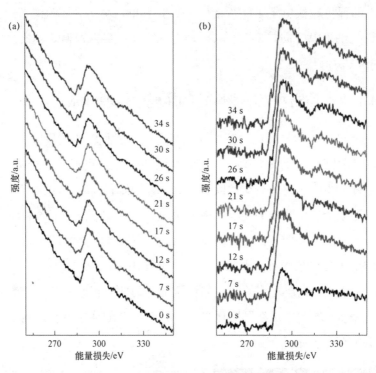

图 4-12　三甘醇溶液的 EELS 测试：

（a）原始数据；（b）去背景的结果

经文献调研发现[42]，乙二醇在离子化后，易于发生 C-C 键的断裂，生成了大量 CH_3O 基团。电子束辐照三甘醇溶液时，三甘醇分子发生离子化，C—C 键断裂，会形成大量 CH_3O 和 C_2H_4O 基团。EELS 谱图中 C 的 k 边的变化可能是由三甘醇分子离子化产生 CH_3O 和 C_2H_4O 基团引起的。

为掌握 CH_3O 和 C_2H_4O 这两种基团在溶液中的存在状态，进行了 DFT 计算。经过计算发现，CH_3O 基团存在时，可以与铅原子以 2∶1 的比例相互稳定存在，该比例下能量最低。而 C_2H_4O 基团不易与铅原子结合，而更倾向于 C_2H_4O 基团间的结合。

此外，通过 DFT 计算发现，在高于 3 000 e/Å²/s 电子束能量密度下产生的 CH_3O 基团与铅原子结合能力较强，导致了铅纳米晶逐渐转变为非晶结构；在低于 1 000 e/Å²/s 电子束能量密度辐照下，CH_3O 与 C_2H_4O 结合，转变回三甘醇，而铅原子互相靠近，形成铅核壳纳米颗粒，示意图如图 4-13 所示。

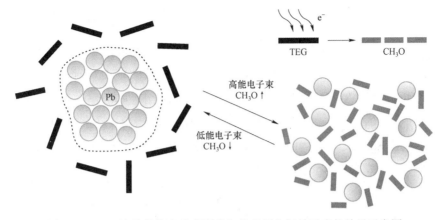

图 4-13　DFT 计算铅核壳纳米颗粒与非晶相之间的反应能结果示意图

从上述 DFT 计算结果，可以得出结论：非晶相是由 Pb 与 CH$_3$O 基团以约 1∶2 的比例混合组成的，将这种混合物命名为 Pb(CH$_3$O)$_2$。为进一步验证非晶相 Pb(CH$_3$O)$_2$ 组合在三甘醇中是否可以稳定存在，进行分子动力学计算，结果如图 4-14 所示。图中黑色大球为 Pb 原子，红色小球为 O 原子，黄色小球为 C 原子。图 4-14a 为建立的初始模型，32 个 Pb(CH$_3$O)$_2$ 组合与 20 个三甘醇分子任意分散在一个 17 Å × 17 Å × 40 Å 的盒子中，设定的温度为 500 K。经过 6.5 ps 运算后，结果如图 4-14b 所示。图中明显表现出 Pb(CH$_3$O)$_2$ 结构和三甘醇分子趋向于分别向不同的方向各自团聚。这说明 Pb(CH$_3$O)$_2$ 不易溶于三甘醇溶剂中，可以单独形成一个相，这与实验中胶体非晶相能够稳定存在于三甘醇溶液中的结果相符合。

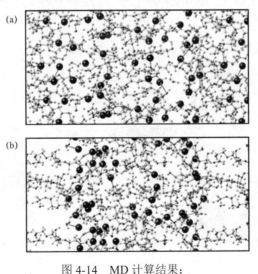

图 4-14　MD 计算结果：

（a）MD 计算的初始状态；（b）MD 运算 6.5 ps 后的结果

为掌握胶体非晶相 Pb(CH$_3$O)$_2$ 结构中 Pb-Pb 间距与能量的对应规律，进一步计算了不同 Pb-Pb 原子间距下，形成 Pb(CH$_3$O)$_2$ 分子所需的能量，具体结果如图 4-15 所示。在该计算中，定义一个单独的 Pb(CH$_3$O)$_2$ 组合的能量为 0。图 4-15 中计算了 Pb-Pb 原子间距在 4.3～7.2 Å 之间，两个 Pb(CH$_3$O)$_2$ 组合的能量，当 Pb-Pb 原子间距为 5 Å 时，其能量最低，这与前期实验结果中观察到的非晶区域短程有序的间距 4.4 Å 和 5.6 Å 相吻合，进一步验证非晶区域的物相可能为 Pb(CH$_3$O)$_2$ 结构。

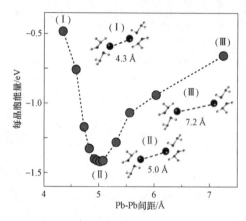

图 4-15　Pb(CH$_3$O)$_2$ 结构的间距与能量关系图（将 Pb(CH$_3$O)$_2$ 的能量设定为 0）

对于计算部分进行总结，结果如图 4-16 所示。当电子束能量密度高于 3 000 e/Å^2/s 时，溶剂三甘醇被离子化，分解产生 CH$_3$O 和 C$_2$H$_4$O 等片段，CH$_3$O 片段与铅原子相互作用，并将铅原子间距拉大，最终形成以 Pb 和 CH$_3$O 片段按照 1∶2 比例稳定存在的胶体非晶的纳米材料；当电子束能量密度低于 1 000 e/Å^2/s 时，CH$_3$O 片段与 C$_2$H$_4$O 结合，重新形成三甘醇分子，铅原子也恢复到铅核壳纳米晶结构。

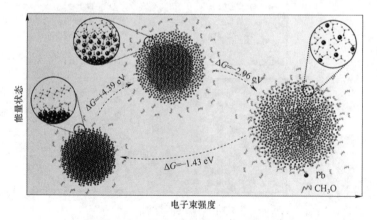

图 4-16　核壳纳米颗粒的可逆转化示意图

4.3.5　电子束调控铅核壳纳米颗粒的慢速相转变

在实验过程中，我们观察分析了电子束能量密度低于 1 000 e/Å²/s 和高于 3 000 e/Å²/s 条件下核壳纳米颗粒的转化情况，本小节进一步观察分析电子束能量密度介于两者之间（约为 2 000 e/Å²/s）时纳米结构的转变情况。当电子束能量密度约为 2 000 e/Å²/s 时，核壳纳米颗粒能够稳定存在，而非晶纳米结构会发生变化，其结果如图 4-17 所示。当电子束能量增大到高于 3 000 e/Å²/s 时，核壳纳米颗粒转变为非晶相，并保持在非晶态，如图中从 0.2 s 到 66.2 s；当电子束能量密度降低到约为 2 000 e/Å²/s 时，胶体非晶相开始形核生长，向铅核壳纳米颗粒转变，在转变过程中，依然存在着原子生长和团聚生长两种模式，可以明显看出团聚生长所占比例远高于低于 1 000 e/Å²/s 电子束能量密度下的生长。此外，在电子束能量密度约为 2 000 e/Å²/s 的条件下，从胶体非晶相转变为铅核壳纳米颗粒所消耗时间（大于 100 s）也远远大于低于 1 000 e/Å²/s 电子束能量密度条件下（约十几或几十秒）的转变时间，这与相转变机理相吻合：高于 3 000 e/Å²/s 的电子束能量密度下产生的 CH_3O 基团，导致核壳纳米晶转变为胶体非晶相，在低电子束能量下 CH_3O 基团与 C_2H_4O 基团聚集形成三甘醇，电子束能量越低，CH_3O 基团与 C_2H_4O 基团的聚集速度越快，Pb 纳米颗粒的转变也相应地越快。

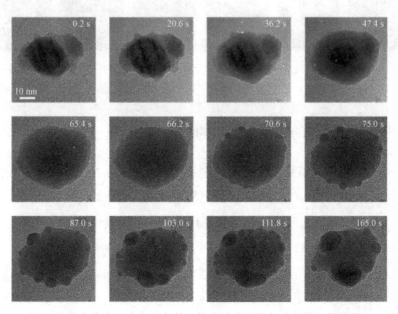

图 4-17　不同能量密度电子束辐照条件下核壳纳米颗粒与非晶相间转换的 TEM 图片
（图的放大倍数相同）

电子束能量密度约为 2 000 e/Å²/s 条件下，观察分析胶体非晶相向铅核壳纳米颗粒转变的完整过程的 TEM 图片，如图 4-18 所示。图中在高于 3 000 e/Å²/s 的电子束能量密度辐照下，从 0.0 s 的铅核壳纳米颗粒开始转变为胶体非晶相，如图中 60.6 s 时的 TEM 图片所示，其相应 FFT 也从单晶斑点转变为非晶环。随后，调整电子束能量密度约为 2 000 e/Å²/s，胶体非晶相开始形核生长，向铅核壳纳米颗粒转变，在该强度的电子束能量下，多个形核位点同时产生大量的纳米颗粒晶核，多个晶核通过团聚熟化以及原子生长，最终形成一个铅的单晶核壳纳米颗粒。

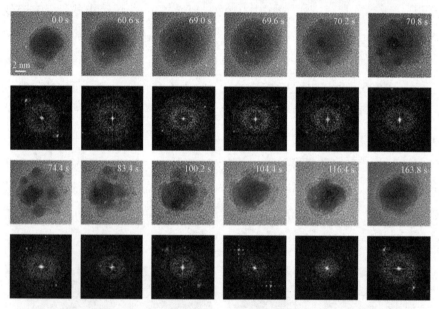

图 4-18　不同能量密度电子束辐照下核壳纳米颗粒与非晶相间转换的 TEM 图片及 FFT 图（图的放大倍数相同）

4.3.6　其他条件诱导的铅纳米颗粒的相转变

除了电子束可控调节铅纳米晶的可逆相转变，在原位电化学液体池中也观察到了电位调节的相似的胶体非晶相，转变过程的 TEM 图片如图 4-19 所示。图中 0 s 到 11.4 s 是电化学还原过程中铅纳米枝晶在金电极上形核生长，0 s 时，电极上没有任何枝晶结构；4.8 s 时，大量 Pb 枝晶结构出现；11.4 s 时，Pb 纳米枝晶生长为几微米的结构。11.4 s 之后为电化学氧化过程，铅纳米枝晶在氧化电位作用下逐渐被溶解，18.0 s、30.0 s 和 43.8 s 的 TEM 图片中铅纳米枝晶的分支逐渐被溶解，在铅纳米枝晶溶解的过程中，44.4 s、45.0 s、45.6 s、46.2 s 和 48.0 s 的透射图片中可以看到类似胶体的非晶区域，尤其是 44.4 s 和 45.0 s 的 TEM 图片中在铅纳米枝晶周围有一个明显的胶体非晶区域;63.0 s 的 TEM 图片中铅纳米枝晶被完全溶解消失。

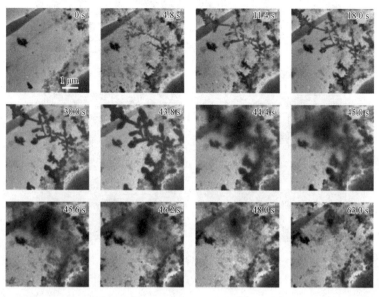

图 4-19　原位透射观察电化学液体池中铅纳米枝晶的生长与溶解,图的放大倍数相同

　　由于原位电化学反应对设备及实验操作具有较高要求,成功率较低,为了进一步研究电化学过程中的非晶相等问题,采用三电极法进行研究,探究电化学反应过程中铅纳米晶的相转变。首先,使用热解法合成铅纳米颗粒,产物如图 4-20 所示。铅纳米颗粒粒径不太均匀,尺寸在 100~500 nm 之间,大部分产物为类球形颗粒,其中也存在一些不同形貌的纳米结构。在铅产物表面存在一层颜色较浅的产物,可能是铅的氧化物或者氢氧化物。

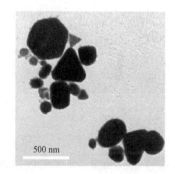

图 4-20　铅纳米颗粒的透射图片

　　对合成的铅纳米颗粒进行 STEM 及 EDS 面扫分析,结果如图 4-21 所示。图 4-21a 的 STEM 为合成的纳米颗粒。图 4-21b 是铅与氧两种元素的面分布图,说明合成的纳米颗粒是铅的纳米颗粒,在纳米颗粒的表面存在一层氧化层,铅被部分氧化。图 4-21c 和图 4-21d 分别是氧元素和铅元素的面分布图。

　　以不同的电解液、不同的起始扫描方式,采用三电极法进行循环伏安测试,分析铅纳米颗粒的沉积和溶解峰位。三电极中,工作电极与对电极均采用铂片,参比

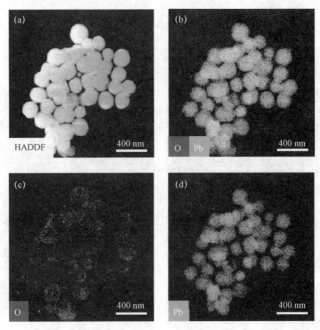

图 4-21 铅纳米颗粒的 STEM 及 EDS 面扫：
（a）STEM；（b）铅和氧的面扫；（c）氧的面扫；（d）铅的面扫

电极采用 Ag/Ag⁺ 的有机参比电极，测试结果如图 4-22 所示。实验参数：扫描速度为 0.1 mV/s，扫描范围是相对于参比电极从 −1.5 V 到 1.0 V，在该小节中，所有电位均是相对于参比电极的电位。图 4-22a 中，采用 0.05 M 乙酰丙酮铅的三甘醇溶液为电解液，首先从开路电压向正电极方向扫描，如图 4-22a 中箭头所示方向，即先开始溶解过程，然后再沉积。图 4-22a 中有一个明显的位于 −0.5 V 到 0.5 V 之间的大宽峰，峰位位于 −0.2 V 左右。在图 4-22b 中，以 0.1 M 乙酰丙酮铅的三甘醇溶液为电解液，首先从开路电压向负电极方向扫描，如图 4-22b 中箭头所示方向，即先开始沉积过程，然后再溶解。图 4-22b 中存在 3 个峰位，分别位于 −0.75 V、0.2 V 和 0.5 V。其中，0.2 V 的峰位在两个方向扫描时均存在，可能是由溶剂的氧化反应引起的。为了验证 0.5 V 和 −0.75 V 这两个峰位究竟哪个是由铅沉积引起的，我们改变了电解液中的金属元素，采用 0.05 M 乙酰丙酮铂的三甘醇溶液为电解液，从开路电压向正电极方向扫描，如图 4-22c 中箭头所示方向，即先进行溶解，再沉积。图 4-22c 中第一圈扫描时存在一个非常大的宽峰，位于 0.2 V 左右；而在沉积后的第二圈扫描过程中，−0.75 V 的峰位出现，而 0.5 V 没有峰位，说明 −0.75 V 的峰位是由溶剂的氧化还原反应引起的，而 0.5 V 的峰位可能是由铅的氧化还原反应引起的。

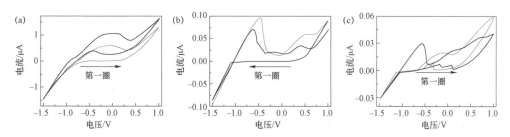

图 4-22 在不同电解液中，不同初始扫描方向（初始扫描方向如图中箭头所示）
得到的循环伏安曲线：

（a）电解液为 0.05 M 乙酰丙酮铅溶于三甘醇；（b）电解液为 0.1 M 乙酰丙酮铅溶于三甘醇；

（c）电解液为 0.05 M 乙酰丙酮铂溶于三甘醇

以不同浓度的乙酰丙酮铅的三甘醇溶液为电解液，在不同温度下，从 − 1.5 V 开始扫描，扫描速度为 0.1 mV/s，到达不同的电位（在氧化电位以前）停止，观察扫描前后的纳米颗粒变化情况，判断纳米颗粒发生变化的电位。

首先将合成的铅纳米颗粒在铜网上制样并表征，然后将其置于以 0.005 M 乙酰丙酮铅的三甘醇溶液为电解液的工作电极上，在室温 23 ℃条件下，从 − 1.5 V 开始，以 0.1 mV/s 的扫描速度扫描到 − 1.2 V，之后将铜网从溶液中取出，乙醇冲洗、晾干，进行透射表征，结果如图 4-23 所示。图中 4-23a 和图 4-23b 是同一个铜网的同一个位置上铅纳米颗粒电化学前后的图片。电化学扫描后，铅纳米颗粒部分被溶解。

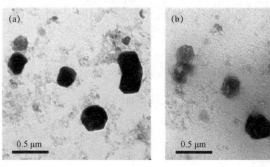

图 4-23 23 ℃下 0.005 M 乙酰丙酮铅的三甘醇的电解液中，
从 − 1.5 V 到 − 1.2 V 前后的 TEM

此外，以 0.05 M 乙酰丙酮铅的三甘醇溶液为电解液，在不同温度下进行同样方式的测试和表征，其结果如图 4-24 所示。图 4-24a 和图 4-24b 是 30 ℃时，从 − 1.5 V 开始，以 0.1 mV/s 的扫描速度扫描到 − 1.2 V，扫描前后铜网上同一位置的铅纳米颗粒的透射图片。图 4-24b 中铅纳米颗粒出现了部分溶解，说明在

30 ℃条件下，−1.2 V 是铅纳米颗粒开始溶解的电位。室温 23 ℃时铅纳米颗粒开始溶解的电位为−0.8 V，如图 4-24c 和图 4-24d 所示。对比 0.005 M 电解液中的结果，在相同温度下，不同浓度的电解液影响了纳米颗粒溶解的电位，浓度越高，溶解需要的电位越高。可能是由于在低浓度的电解液中，更多的自由三甘醇分子的电解促进了铅纳米颗粒的溶解。10 ℃时，铅纳米颗粒开始溶解的电位为−0.5 V，如图 4-24e 和图 4-24f 所示；0 ℃时，铅纳米颗粒开始溶解的电位为 0 V，如图 4-24g 和图 4-24h 所示。

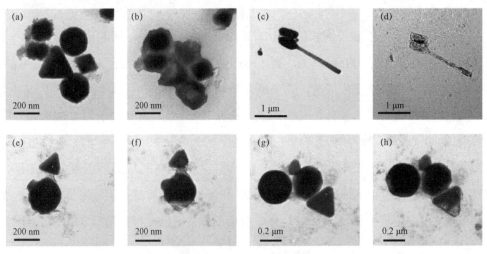

图 4-24　在 0.05 M 乙酰丙酮铅溶于三甘醇的电解液中，不同温度下
扫描不同范围点位前后透射电镜图片：

（a）（b）30 ℃条件下，从−1.5 V 扫描到−1.2 V 前后的图片；（c）（d）室温（23 ℃）条件下，
从−1.5 V 扫描到−0.8 V 前后的图片；（e）（f）10 ℃条件下，从−1.5 V 扫描−0.5 V 前后的图片；
（g）（h）0 ℃条件下，从−1.5 V 扫描到 0 V 前后的图片

在相同浓度的电解液中，不同的温度条件下，纳米颗粒溶解的电位不同，温度越高，溶解需要的电位越低。说明温度影响着电解液的活性，从而影响了铅的溶解。

将不同浓度的乙酰丙酮铅电解液、不同温度下，从−1.5 V 开始，以 0.1 mV/s 的扫描速度还原铜网上的铅纳米颗粒，纳米颗粒是否被溶解的结果进行统计，具体结果见表 4-1。表中变化的电位被加粗，说明上图中 TEM 结果所示的电位均是开始变化的电位，且这些电位均低于铅的氧化电位（约 0.5 V），说明铅纳米颗粒的溶液可能是被三甘醇电离后反应溶解的。

表 4-1 不同浓度乙酰丙酮铅、不同温度下纳米颗粒是否被溶解的结果统计表

浓度/（mol/L）	温度/℃	电压/（V vs Ag/Ag⁺）	是否变化
0.05	30	$(-1.5) \sim (-1.3)$	是
0.05	30	$(-1.5) \sim (-1.2)$	是
0.05	23	$(-1.5) \sim (-1.3)$	否
0.05	23	$(-1.5) \sim (-1.2)$	否
0.05	23	$(-1.5) \sim (-1.0)$	否
0.05	23	$(-1.5) \sim (-0.9)$	否
0.05	23	$(-1.5) \sim (-0.8)$	是
0.05	23	$(-1.5) \sim (-0.6)$	是
0.05	23	$(-1.5) \sim (-0.4)$	是
0.05	10	$(-1.5) \sim (-0.5)$	是
0.05	10	$(-1.5) \sim (-0.4)$	是
0.05	0	$(-1.5) \sim (-0.1)$	否
0.05	0	$(-1.5) \sim (0)$	是
0.005	23	$(-1.5\,V) \sim (-1.2\,V)$	是

在室温 23 ℃条件下，铅纳米颗粒的转变电位为 -0.8 V，将纳米颗粒从 -1.5 V 开始，以 0.1 mV/s 的扫描速度扫描到 -0.75 V，对反应前后的样品进行透射表征，其结果如图 4-25a 和图 4-25b 所示，图中铅纳米颗粒几乎被完全溶解。而将纳米颗粒从 -1.5 V 开始，以 0.1 mV/s 的扫描速度扫描到 -0.75 V，然后继续以相同的扫描速度从 -0.75 V 扫描到 -1.5 V，对反应前后的样品进行透射表征，结果如图 4-25c 和图 4-25d 所示，图中纳米颗粒几乎维持原来的形貌。对比图 4-25 中的两组结果，从 -1.5 V 扫描到 -0.75 V 时，铅纳米颗粒溶解，而从 -0.75 V 扫描回到 -1.5 V 时，被溶解的铅纳米颗粒又转变回纳米晶。这种结果与我们在透射电子束诱导下相转变的情况相似。说明除了电子束诱导，电位也可以诱导可逆相转变的产生。

为了进一步说明电化学反应后，铅纳米颗粒周围的非晶物质为铅与有机物的混合体。对反应后的纳米颗粒进行 EDS 线扫和面扫表征，其结果如图 4-26 所示。图 4-26a 是 0 ℃温度下，0.05 mol/L 乙酰丙酮铅的三甘醇溶液中，从 -1.5 V 扫描到 -0.2 V 后的样品的 HAADF-STEM 图片，图中在明亮的铅纳米颗粒周围有一圈浅色的物质。对图 4-26a 中纳米颗粒进行面扫，结果如图 4-26b～图 4-26d 所示，图中明亮的颗粒为铅颗粒，颗粒表面具有一层氧化层，但是，由于周围环处的衬度较小，难以明显看出周围的元素分布，因此，对其进行线扫，线扫的位置如图 4-26e 所示，结果如图 4-26f 和图 4-26g 所示。线扫时，测试了 Pb 和 O 两种元素的分布，图 4-26f

中，纳米颗粒周围浅色区域中存在 Pb 和 O 元素，而图 4-26g 中，Pb 和 O 元素的峰位宽度也远大于纳米颗粒的粒径，进一步证明周围的非晶物质中存在 Pb 元素。

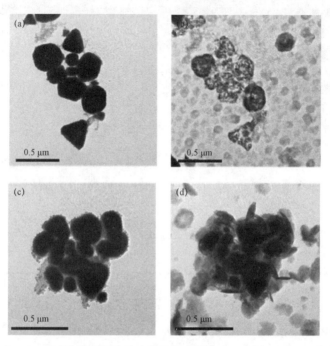

图 4-25　在 0.05 M 乙酰丙酮铅溶于三甘醇的电解液中，室温（23 ℃）条件下扫描
不同范围电位前后透射电镜图片：

（a）（b）从 – 1.5 V 扫描到 – 0.75 V，反应前后的透射图片；

（c）（d）从 – 1.5 V 扫描到 – 0.75 V，然后再扫描回 – 1.5 V，扫描前后的透射图片

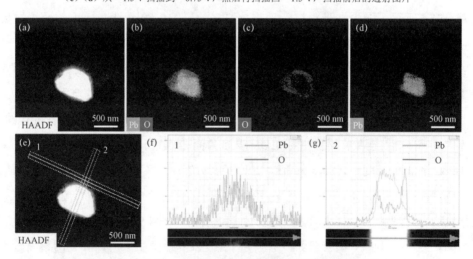

图 4-26　在 0.05 mol/L 乙酰丙酮铅溶于三甘醇的电解液中，

0 ℃条件下从 – 1.5 V 扫描到 – 0.2 V 后的线面扫：

（a）～（d）STEM 图像及相应面扫；（e）～（g）STEM 图像及相应线扫

综上所述，在电化学作用下也可以实现纳米颗粒的可逆相转变。

4.4　本章小结

在本章，我们利用电子束造成的空间电荷极化和局部电场增强的效应，通过原位透射电镜观察铅核壳纳米颗粒的可逆相转变。研究证明，这种可逆相转变与电子束能量密度大小相匹配。在能量密度高于 3 000 e/Å^2/s 的电子束辐照下，铅核壳纳米颗粒转变为胶体非晶相，胶体非晶相能够稳定存在；在能量密度低于 1 000 e/Å^2/s 的电子束辐照下，胶体非晶相快速转变为铅核壳纳米颗粒，铅核壳纳米颗粒能够稳定存在；在能量密度约为 2 000 e/Å^2/s 的电子束辐照下，胶体非晶相慢速转变为铅核壳纳米颗粒，铅核壳纳米颗粒能够稳定存在。

我们通过文献调研、EELS 表征，并结合计算证明，在铅核壳纳米颗粒与胶体非晶相间的可逆相转变中，三甘醇离子化出来的 CH_3O 片段起到了关键作用：在能量密度高于 3 000 e/Å^2/s 的较强的电子束辐照下，CH_3O 片段倾向于与铅反应，形成胶体非晶相。而在能量密度低于 3 000 e/Å^2/s（约 2 000 e/Å^2/s 或低于 1 000 e/Å^2/s）的较弱的电子束辐照下，CH_3O 片段倾向于与 C_2H_4O 结合，形成三甘醇和铅的核壳纳米颗粒。这种可逆的相转变也可以在其他系统中得到实现，如电化学等，为催化等过程中纳米材料相转变的解释提供新的思路。

第 5 章

激光束光效应诱导的 Ni/Co/Cu 基有机框架的合成

5.1 本章引言

化石燃料燃烧产生的 CO_2 等已经引起能源和环境问题[214,215]。人为产生的过多的 CO_2 会引起气候变化[216-218]、海洋酸化[219]、作物减产[220]、物种灭绝[221]、健康损害[222,223]等问题，因此，CO_2 的移除问题吸引了大量研究者的兴趣。移除现有 CO_2，尤其是将 CO_2 气体通过太阳能转化为燃料是目前研究的一个热点[225-227]。探究新奇的催化剂，用于降低 CO_2 的稳定性，并高效、高选择性地将其转化为液态燃料是十分必要的[225,226]。迄今为止，尽管已经有大量关于光催化还原 CO_2 的研究[227-231]，但是，控制反应的产率、减少竞争反应光还原产生 H_2、增加液体产物的选择性等问题的存在，使得该研究领域仍然十分具有挑战性[228,232,233]。

前期研究发现，用激光法合成有机和金属化合物，可以有效地提升 CO 的转化效率，达到 100%[135]。在合成过程中，利用平行近红外激光辐照过渡金属离子和有机前驱体混合物的溶液，得到一系列类海绵状的金属有机物。由于金属有机框架（MOF）结构具有极高的比表面积和可调的孔洞，因此在捕捉和多相催化方面具有很大的优势。

使用电子束辐照三甘醇溶液实验中，高强度的电子束辐照能够离化三甘醇发生化学键的断裂，而在低强度的电子束辐照下，离化的分子片段及衍生物恢复成三甘醇分子，从而调控和诱导纳米晶的可逆相转变。

在本章，我们参考前期合成的海绵状类 MOF 结构，以苯二甲酸（TPA）作为主要有机框架，Ni/Co/Cu 作为金属团簇和活性位点，以三甘醇（TEG）作为链状有机分子，部分取代 TPA 结构，以 N,N-二甲基甲酰胺（DMF）作为溶剂，通过高能激光辐照前驱体溶液，利用激光的光效应，TEG 吸收激光后发生化学键的断裂和离化，诱发液相环境中的化学反应，同时金属盐吸收激光后合成 MOF 结构，研究激光对三甘醇的作用合成耐材料，并将其应用于 CO_2 光还原，得到高效的碳产物的转化效率和较高的液体产物的选择性。

5.2　实验部分

5.2.1　激光法合成金属有机框架结构

0.5 mol/L 六水合硝酸钴、六水合硝酸镍或三水合硝酸铜溶液与 1 mL 三甘醇超声混合至完全溶解；0.2 mol/L 对苯二甲酸与 5 mL 的 DMF 在 60 ℃ 条件下搅拌至完全溶解。将两种溶液混合、搅拌，并置于 15 mL 玻璃瓶中，在激光脉冲能量约为 750 mJ，频率为 10 Hz，搅拌条件下激光辐照 3 h。用 DMF、乙醇、丙酮溶液依次清洗产物，于真空 60 ℃ 干燥，得到粉末，并保存于手套箱中。

5.2.2　溶剂热法合成金属有机框架结构

0.5 mol/L 六水合硝酸钴、六水合硝酸镍或三水合硝酸铜溶液与 1 mL 三甘醇超声混合至完全溶解；0.2 mol/L 对苯二甲酸与 5 mL 的 DMF 在 60 ℃ 条件下搅拌至完全溶解。将两种溶液混合、搅拌，并置于聚四氟乙烯反应釜中，在 110 ℃ 条件下加热反应 24 h。用 DMF、乙醇、丙酮溶液依次清洗产物，于真空 60 ℃ 干燥，得到粉末，并保存于手套箱中，用于后续表征和测试。

5.2.3　光催化测试

常规的测试体系中含有的物质为 3 mg 催化剂，2.5 mmol 的 $Ru(bpy)_3Cl_2 \cdot 6H_2O$ 和 2 mL 的三乙醇胺（TEOA），10 mL 乙腈和水的混合溶液（乙腈：水＝8：2）。混合溶液的 pH 约为 8，用 1 mol/L NaOH 溶液将 pH 调节为 13。

将催化剂与电解液加入封闭的 CO_2 反应池中，抽真空，并通入高纯 CO_2 气体（99.995%），多次进行抽气和充气操作，最终达到 400 托的压力。反应器使用循环冷却水，将反应器的温度控制在 20 ℃ 左右。光源为 300 W 氙灯，波长大于 420 nm。

气体产物使用注射器注入气相色谱分析，液体产物使用液相色谱分析。

在 C13 的标定实验中，采用相同的操作步骤，将通入气体换成 $^{13}CO_2$ 气体（99%）。产物分析时采用气相色谱-质谱联用仪和液相色谱-质谱联用仪分析。

5.3　结果与讨论

5.3.1　激光法光效应诱导合成 Ni 基有机框架结构

本节以 Ni 基的 MOF 结构为主进行一系列的表征和分析。以能量为 720 mJ 的脉冲激光辐照前驱体溶液约 3 h，得到浅绿色沉淀，经离心、清洗、干燥后得到浅绿色粉末。将该产物命名为 L-Ni（TPA/TEG），为方便标识，将 L-Ni（TPA/TEG）简写为 L-Ni。

为研究材料的形貌，对其进行低倍透射和选区衍射测试，结果如图 5-1 所示。图 5-1a 和图 5-1b 说明产物是二维片层结构，片层的长宽尺寸在微米级别。由于产物对电子束较敏感，因此高倍 TEM 图片难以获取。图 5-1c 和图 5-1d 的电子选区衍

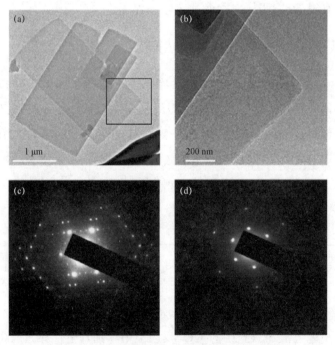

图 5-1　L-Ni 的低倍透射图片和 SAED 表征：
（a）（b）TEM 图片；（c）（d）SAED 图片

射证明材料为晶体结构，单个片层为单晶结构。单晶结构的晶面间距包括 4.66 Å、3.1 Å、2.7 Å 等。

为表征片层的厚度，对产物进行 AFM 表征，结果如图 5-2 所示。左图的 AFM 图片说明材料主要为片层结构，图中白色的线为测量位置；右图为测量结果，图中主要存在两种尺寸的片层结构：一种是微米级别的片层，厚度也较厚，约为 6 nm；另一种是 200 nm 左右的片层，厚度也较薄，约为 1 nm。

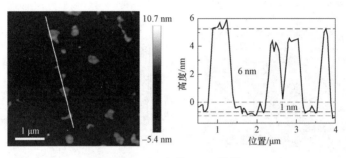

图 5-2 　L-Ni 的 AFM 表征

为表征材料的物相，对片层结构进行 XRD 表征，结果如图 5-3 所示。图中存在大量峰位，说明该物相是十分复杂的晶体结构，对于具体物相和结构还无法清晰表征清楚。其中，最主要的几个峰位的 2θ 位于 9.8°、11.09°、16.79°、19.7°、20.87° 等，对应的晶面间距分别为 10.47 Å、9.32 Å、6.12 Å、5.22 Å 等。这些晶面间距与透射的 SAED 结果相对应：XRD 中 10.47 Å 约为 5.22 Å 的 2 倍，约为 SAED 中 2.7 Å 的 4 倍；XRD 中 9.32 Å 约为 SAED 中 4.66 Å 的 2 倍；XRD 中 6.12 Å 约为 SAED 中 3.1 Å 的 2 倍等。进一步证明片层产物是晶体结构，且晶面间距与 SAED 中的晶面间距相一致，但是晶体的具体结构还需要更深入的表征分析确定。

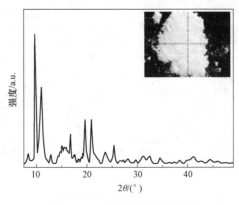

图 5-3 　L-Ni 的 XRD 表征结果

为与激光法产物进行对比，使用同样的前驱体溶液采用溶剂热法合成了片层产物，将其命名为 S-Ni（TPA/TEG），为方便标识，将其标记为 S-Ni，该产物的 TEM 图片和 XRD 表征如图 5-4 所示。S-Ni 也是二维片层结构，片层的尺寸同样在微米级别，图 5-4b 的 XRD 图谱中峰位很多，说明该材料结构十分复杂，但是与 L-Ni 的 XRD 峰位和强度不同，说明两者的结构存在一定差异。

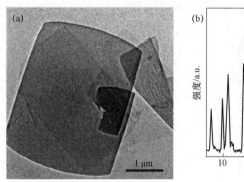
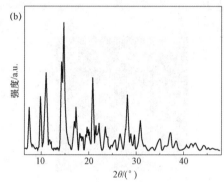

图 5-4　S-Ni 的表征结果：
（a）TEM 图片；（b）XRD

对两种产物进行热失重和红外测试分析，结果如图 5-5 所示。图 5-5a 为热失重曲线，说明 L-Ni 和 S-Ni 两种产物中均包含 H_2O、DMF、TEG 和 TPA，其中，TPA 占主要成分，重量占比比约为 45%，此外，两种产物中均有约 15% 的吸附水存在，L-Ni 中 DMF 的含量略高于 S-Ni，S-Ni 中 TEG 的含量略高于 L-Ni。图 5-5b 为红外表征曲线，表明在 L-Ni 和 S-Ni 两种产物中—COOH 基团依然存在，说明不是所有的 TPA 的—COOH 基团都与 Ni 连接；明显的—CH_2 峰证明 TEG 的存在；苯环在两种产物中均存在，且 L-Ni 中苯环的峰位更明显，说明 L-Ni 中 TPA 含量比 S-Ni 中更高一些。

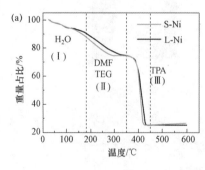
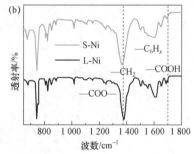

图 5-5　L-Ni 和 S-Ni 的表征：
（a）热失重曲线；（b）红外曲线

为详细表征 L-Ni 和 S-Ni 两种产物中的材料组成，对两种材料进行 XPS 测试，结果如图 5-6 所示。图 5-6a 为 L-Ni 和 S-Ni 的总谱，两种产物中均含有 C、N、O 和 Ni 四种元素，S-Ni 中 4 种元素的原子百分比分别为 57.5%、0.9%、33.7% 和 7.9%；而 L-Ni 中 4 种元素的原子百分比别 62.9%、3%、20.2% 和 13.9%。L-Ni 中 N 含量

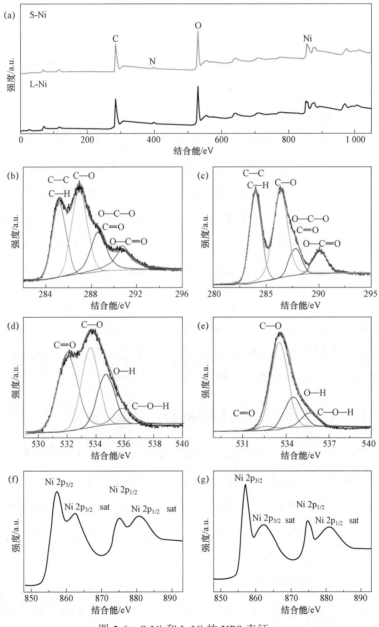

图 5-6　S-Ni 和 L-Ni 的 XPS 表征：

（a）全谱；（b）L-Ni 的 C 1s 峰；（c）S-Ni 的 C 1s 峰；（d）L-Ni 的 O 1s 峰；

（e）S-Ni 的 O 1s 峰；（f）L-Ni 的 Ni 2p 峰；（g）S-Ni 的 Ni 2p 峰

略高，说明 L-Ni 中含有少量 DMF，比 S-Ni 中 DMF 含量高；L-Ni 中 Ni 含量也略高，说明激光法更有利于 Ni 元素的进入。

为进一步分析材料中价键结构，对 C、O 和 Ni 三种元素进行高分辨测试，结果如图 5-6 所示。图 5-6b、图 5-6d 和图 5-6f 是 L-Ni 的高分辨结果，图 5-6c、图 5-6e 和图 5-6g 是 S-Ni 的高分辨结果。对比图 5-6b 和图 5-6c 的 C 1s 谱结果，主要存在的价键为 C—C(C—H)、C—O、O—C—O（C＝O）和 O—C＝O，在 L-Ni 中四者的原子百分比分别为 29%、36%、21% 和 14%，而 S-Ni 中四者的原子百分比分别为 35%、44%、11% 和 10%，L-Ni 中 O—C—O 和 C＝O 的比例明显比 S-Ni 中的高很多。对比图 5-6d 和图 5-6e 的 O 1s 结果，主要存在的价键为 C＝O、C—O、O—H 和 C—O—H，L-Ni 中四者的原子百分比分别为 39%、33%、21% 和 7%，而 S-Ni 中四者的原子百分比分别为 5%、64%、22% 和 9%，L-Ni 中 C＝O 的比例明显更高，而 C—O 的比例明显更低，证明 L-Ni 中 TPA 的—COOH 结构中 C＝O 键保存更完整，溶剂热法的产物 S-Ni 中 TPA 的—COOH 结构中 C＝O 键大部分被打开。对比图 5-6f 和图 5-6g 的 Ni 2p 结果，主要包含 Ni $2p_{3/2}$、Ni $2p_{3/2}$ sat、Ni $2p_{1/2}$ 和 Ni $2p_{1/2}$ sat 四种，L-Ni 中四者的原子百分比分别为 35%、32%、12% 和 21%，而 S-Ni 中四者的原子百分比分别为 27%、37%、11% 和 25%，两种材料中 Ni 的类型差别较小。

对于 L-Ni 和 S-Ni 两种材料具体结构还不清晰，还需要结合其他表征和分析手段进一步确定。下一小节对 Co 基和 Cu 基 MOF 结构进行表征分析。

5.3.2　激光法光效应诱导合成 Co/Cu 基有机框架结构

以 Co 或 Cu 为金属基，使用同样方法，使用能量为 720 mJ 的脉冲激光辐照前驱体溶液约 3 h，得到沉淀物，经离心、清洗、干燥后得到 MOF 粉末。将激光法合成的材料分别命名为 L-Co（TPA/TEG）和 L-Cu（TPA/TEG），标记为 L-Co 和 L-Cu；溶剂热法合成的材料分别命名为 S-Co（TPA/TEG）和 S-Cu（TPA/TEG），标记为 S-Co 和 S-Cu。

图 5-7 为 Co 基 MOF 结构的表征结果。其中，图 5-7a 和图 5-7b 为透射表征结果，两种产物均为二维片层结构，片层的长宽尺寸在微米级别，图 5-7a 中的 L-Co 的片层边缘比图 5-7b 中 S-Co 的不规则。图 5-7c 和图 5-7d 为 L-Co 和 S-Co 两种物相的 XRD 表征结果及光学照片，两种材料的峰位均十分复杂，但是两种材料的最

强峰位不同。两种材料的颜色均为紫色，但是激光法合成的 L-Co 颜色更深，溶剂热法合成的 S-Co 的反光更明显，可能是因为 L-Co 中含有更多的金属 Co。图 5-7e 和图 5-7f 为两种材料的红外表征结果，用于分析有机价键。图 5-7e 是全范围的谱图，图 5-7f 是部分放大后的 FTIR 谱图。图中两种材料的峰位相似，与 Ni 基材料的峰位相似。

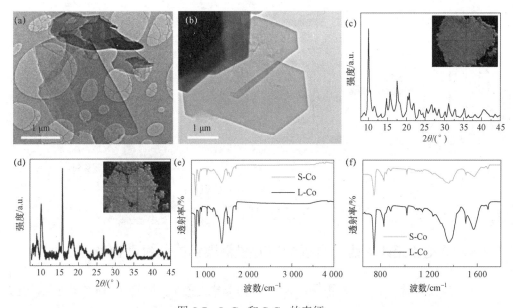

图 5-7　L-Co 和 S-Co 的表征：
（a）L-Co 的 TEM；（b）S-Co 的 TEM；（c）L-Co 的 XRD；（d）S-Co 的 XRD；（e）（f）FTIR 曲线

图 5-8 为 Cu 基 MOF 结构的表征结果。其中图 5-8a 和图 5-8b 为透射表征结构，两种产物均为二维片层结构，片层结构的长宽尺寸为几百纳米，图 5-8a 中的 L-Cu 的片层边缘比图 5-8b 中的 S-Cu 的不规则，且 L-Cu 的长宽尺寸相对更小。图 5-8c 和图 5-8d 为 XRD 物相表征及光学照片，两种材料的峰位均十分复杂，但是，两种材料的峰位与强度不同。两种材料的颜色均为蓝色，但是激光法合成的 L-Cu 颜色更浅，可能是因为激光法不利于 Cu 元素的进入。图 5-8e 和图 5-8f 两种材料的红外表征结果，用于分析有机价键。图 5-8e 是全范围的谱图，图 5-8f 是部分放大后的 FTIR 谱图。图中两种材料的峰位相似，且与 Ni 基材料的峰位相似。

对于以上四种材料的表征，证明四种材料均为片层结构，且其中 TEG 和 TPA 均存在，但是还需要更进一步的表征和分析。

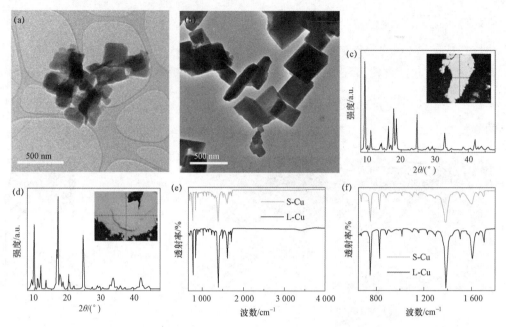

图 5-8 L-Cu 和 S-Cu 的表征：
（a）L-Cu 的 TEM；（b）S-Cu 的 TEM；（c）L-Cu 的 XRD；（d）S-Cu 的 XRD；（e）（f）FTIR 曲线

5.3.3 激光法光效应诱导合成金属有机框架结构的机理探究

通过对激光辐照过程中不同时间的产物取样进行透射表征，研究片层结构的形成机理，结果如图 5-9 所示。图 5-9a 为反应 1 h 的产物 TEM 图片，均为颗粒黏连的产物。图 5-9b 为反应 2 h 的产物 TEM 图片，产物为片层和颗粒黏连产物的混合体，且颗粒的黏连更密实。图 5-9c 为当激光辐照 3 h 后的产物 TEM 图片，产物均为片层结构。片层大小不均匀。说明片层产物的机理可能是首先产生颗粒形成二维的网站连接物，随着反应时间的增加，网状连接物逐渐密实，最终形成片层结构。

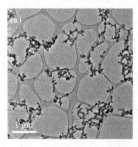

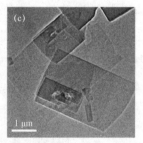

图 5-9 不同激光辐照时间下产物的透射电镜表征：
（a）1 h；（b）2 h；（c）3 h

激光光化学合成金属基二维片层结构的形成可能归因为：溶液中的三甘醇溶液吸收激光，可能造成有机链的断裂，还可能造成能量转移到周围的对苯二甲酸等分子上，致使其他分子的断裂，促进链状和网状结构的形成。此外，溶液中的金属盐吸收激光后，能够直接还原出金属原子，在金属表面造成电子空穴积累，并引起周围有机分子的反应。金属与部分断裂后有机物形成链状结构，并随着反应时间的增加，被作用的金属和有机物逐渐增多，最终形成片层结构。

5.3.4　二氧化碳光还原性能测试结果

对上述激光法和溶剂热法合成的 Ni、Co 和 Cu 基的 6 种 MOF 结构进行 CO_2 光还原的性能测试，测试产物的种类和含量，结果如图 5-10 所示，图 5-10a 为 CO 的产量，其中，Co 基催化剂得到的气体 CO 产物最多，Cu 基催化剂得到的气体 CO 产物最少，催化剂 L-Co 得到的 CO 气体最多。图 5-10b 为液体产物的产量，主要包含甲酸（FA）和乙酸（AA）两种产物且 6 种催化剂的产物都以乙酸为主。

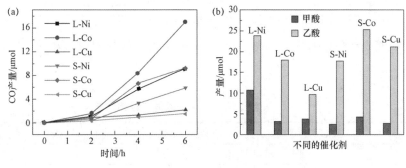

图 5-10　不同材料的二氧化碳光还原产物：
（a）CO 产量；（b）液体产物的量

为对比分析几种催化剂的催化性能，根据图 5-10 所示内容，对产物的总摩尔量、摩尔百分比和电子转移数量及其百分比进行分析统计，具体结果见表 5-1～表 5-4。

表 5-1 为 6 种催化剂光催化 CO_2 产生 CO、甲酸和乙酸 3 种产物的摩尔质量，其中催化剂 L-Ni 的产物摩尔质量的总量最高，L-Ni 液体产物的摩尔质量的总量也是最高。

表 5-1　6 种催化剂催化产物的摩尔质量　　　　　　　μmol

产物	L-Ni	L-Co	L-Cu	S-Ni	S-Co	S-Cu
CO	9.1	17	2.1	5.8	9.3	1.5
FA	10.78	3.32	3.79	2.66	4.47	2.9

续表

产物	L-Ni	L-Co	L-Cu	S-Ni	S-Co	S-Cu
AA	23.86	17.88	9.84	17.78	25.41	21.16
	43.74	38.2	15.73	26.24	39.18	25.56

表 5-2 为 6 种催化剂光催化 CO_2 产生 CO、甲酸和乙酸 3 种产物的摩尔质量比例。其中催化剂 L-Ni 的液体产物中乙酸占 54.55%，具有较高的选择性；催化剂 S-Cu 的液体产物中乙酸占有 82.78%，具有最高的选择性；Cu 基催化剂的乙酸产物的百分比均较高，而溶剂热法制备的催化剂的乙酸产物的百分比均高于激光法制备的催化剂。

表 5-2   6 种催化剂催化产物的摩尔质量百分比   %

产物	L-Ni	L-Co	L-Cu	S-Ni	S-Co	S-Cu
CO	20.8	44.5	13.35	22.1	23.74	5.87
FA	24.65	8.69	24.09	10.14	11.41	11.35
AA	54.55	46.81	62.56	67.76	64.85	82.78

表 5-3 为 6 种催化剂产生 CO、甲酸和乙酸 3 种产物的电子转移数量，其中催化剂 L-Ni 的电子转移数为 230.64，与 S-Co 的电子转移数相当，远高于其他催化剂的电子转移数。

表 5-3   6 种催化剂催化产物电子转移数量

产物	L-Ni	L-Co	L-Cu	S-Ni	S-Co	S-Cu
CO	18.2	34	4.2	11.6	18.6	3
FA	21.56	6.64	7.58	5.32	8.94	5.8
AA	190.88	143.04	78.72	142.24	203.28	169.28
	230.64	183.68	90.5	159.16	230.82	178.08

表 5-4 为 6 种催化剂产生 CO、甲酸和乙酸 3 种产物的电子转移数量百分比，其中催化剂 L-Ni 的乙酸的电子转移数量百分比约为 82.76%，几种催化剂的产物中乙酸的电子转移数量百分比均较高。

表 5-4   产物的电子转移数量百分比   %

产物	L-Ni	L-Co	L-Cu	S-Ni	S-Co	S-Cu
CO	7.89	18.51	4.64	7.29	8.06	1.68
FA	9.35	3.62	8.38	3.34	3.87	3.26
AA	82.76	77.87	86.98	89.37	88.07	95.06

综合以上分析可以发现，催化剂 L-Ni 在 CO_2 光催化的总产物摩尔质量和液体产物摩尔质量上最优，而液体产物的选择性和乙酸的选择性也具有较好的性能，因此，在后期的进一步详细表征中，选择催化剂 L-Ni 为主要研究对象。

首先，对催化剂 L-Ni 在两种不同的电解液中的 CO_2 光催化性能进行表征分析。一种电解液是 8 mL 乙腈、2 mL 三乙醇胺和 2 mL 水，将其命名为电解液 1；另一种电解液是 8 mL 乙腈和 2 mL 三乙醇胺，将其命名为电解液 2。催化剂的质量为 3 mg，光敏剂为 18 mg 的 Ru（bpy）$_3$Cl$_2$·6H$_2$O。在这两种电解液中的 CO_2 光催化结果如图 5-11 所示，图 5-11a 为气体产物 CO 的结果，图 5-11b 为液体产物的结果，在电解液 1 中，无论是气体产物，还是液体产物的总量和每种产物的量均高于在电解液 2 中的，因此，选择电解液 1 为后续研究的电解液。

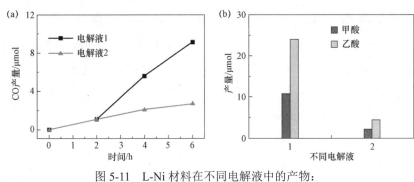

图 5-11　L-Ni 材料在不同电解液中的产物：
（a）CO 产量；（b）液体产物的量

对催化剂 L-Ni 进行 CO_2 光催化性能的重复性测试，确认该催化剂的稳定性，重复 3 次的实验结果如图 5-12 所示。图 5-12a 为气体产物 CO 的结果，图 5-12b 为液体产物的结果，图中 3 次实验结果的摩尔质量相似，随着反应时间的增加，气体产物 CO 的产量十分接近，液体产物在反应 6 h 后，产量基本保持一致。这说明了 CO_2 光催化测试的可靠性和催化剂 L-Ni 在 CO_2 光催化性能的可重复性。

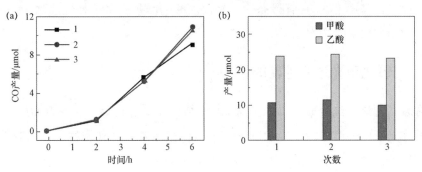

图 5-12　重复测试 L-Ni 催化剂进行 CO_2 光催化的产物：
（a）CO 产量；（b）液体产物的量

对不同质量的 L-Ni 催化剂进行 CO_2 光催化性能的液体产物测试，结果如图 5-13 所示。从图中可以看出，当催化剂的质量大于等于 3 mg 时，液体产物的量与催化剂成线性增长的关系。说明随着催化剂质量的增加，光敏剂产生的电子更多地传递给催化剂活性位点，进行催化反应。

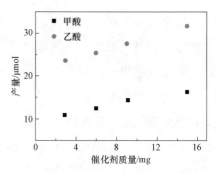

图 5-13　使用不同质量的 L-Ni 催化剂进行 CO_2 光催化的液体产物

为了验证产物来源于二氧化碳气体，以标记的 $^{13}CO_2$ 作为气体来源进行液相和气相产物跟踪测试，结果如图 5-14 所示，m/z 是质量电荷比率。图 5-14a 中质量电荷比率 29 对应于 ^{13}CO 的气体产物，说明气体产物来源于被标记的 $^{13}CO_2$ 气体。图 5-14b 所示的液体产物中，质量电荷比率 46 对应于 $H^{13}COO^-$，质量电荷比率 61 对应于 $^{13}CH_3^{13}COO^-$，两种液体产物的碳源均来自被标记的 $^{13}CO_2$ 气体。证明所有的光催化产物均来自 CO_2 气体。

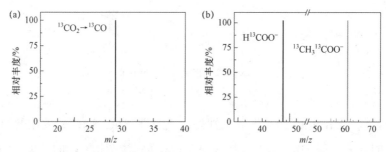

图 5-14　C13 标定的 $^{13}CO_2$ 为原料的 L-Ni 催化剂进行 CO_2 光催化的产物：
（a）CO 产量；（b）液体产物的量

综合上述光催化二氧化碳测试的结果得出，二维 MOF 结构的催化剂具有较高的催化性能，其中 L-Ni 具有最高的产量，乙酸的摩尔质量选择性达到 54.55%，且所有产物均来自 CO_2 气体。

5.3.5　二氧化碳光还原性能的机理

对激光光化学法合成的二维 Ni 基 MOF 结构在二氧化碳光还原方面机理提出假说。可见光辐照混合溶液，光敏剂 $[Ru(bpy)_3]^{2+}$ 被激发，并被牺牲剂三乙醇胺还原，得到还原的 $[Ru(bpy)_3]^{2+}$。随后，还原的 $[Ru(bpy)_3]^{2+}$ 将一个电子传递给催化剂（如 L-Ni），用于还原催化剂表面的 CO_2 气体。CO_2 光还原的过程如下：首先 CO_2 得到电子，得到自由基负离子 CO_2^-；然后，自由基负离子易于与水反应得到 CO；同时，在 pH 为 8 的光还原体系中，H_2O 产生的活性氢 H·有利于 CO 活性物反应，而不易于与 H_2O 反应生产氢气，从而限制氢气的产生；促进 CO 的进一步转化，通过一电子反应和四电子反应分别得到了甲酸和乙酸等液态产物。

在 pH 约为 8 的环境中，甲酸和乙酸产生的反应方程式为：

$$CO + H_2O \Longrightarrow HCOOH \tag{5-1}$$

$$2CO + 4H_2O + 4e^- \Longrightarrow CH_3COOH + 4OH^- \tag{5-2}$$

具体的产生甲酸的反应步骤为：

$$H_2O + e^- \rightarrow H \cdot + OH^- \tag{5-3}$$

$$*CO + H \cdot \rightarrow *CHO \tag{5-4}$$

$$*CHO + OH^- \rightarrow HCOOH + e^- \tag{5-5}$$

*CO 被快速质子化，得到*CHO，然后与氢氧根反应，得到甲酸 HCOOH。而乙酸的形成过程中，*CO 持续被质子化，经过 $*CHO \rightarrow *CHOH \rightarrow *CH_2OH \rightarrow *CH_3OH$，得到的*$CH_3OH$ 与吸附的*CO 反应，最终得到了乙酸 CH_3COOH。

5.4　本章小结

在本章，我们利用液相激光的光效应，通过激光辐照前驱体溶液，溶液中的三甘醇和金属盐吸收激光。三甘醇吸收激光后造成有机金属链的断裂和能量转移，引起其他有机物的反应，得到链状结构；金属盐吸收激光后被还原得到金属原子。金属与部分断裂后有机物形成链状结构，并随着反应时间的增加，被作用的金属和有机物逐渐增多，最终形成了以苯二甲酸（TPA）作为主要有机框架，Ni/Co/Cu 作为金属团簇和活性位点，以三甘醇（TEG）作为链状有机分子，部分取代 TPA 结构的片层 MOF 结构。

产物为晶体结构的 L-Ni（TPA/TEG）材料，且厚度约为 5 nm 或 2 nm。通过 CO_2 光还原测试，二维 MOF 结构的产物主要是液体产物，乙酸是主要产物，L-Ni（TPA/TEG）具有极高的转化效率，且乙酸的选择性高达 54.55%，实现 C2 产物的高选择性。

对比电子束和激光束辐照三甘醇有机溶剂，诱导纳米材料的相转变或者合成纳米材料，可以发现电子束和激光束均能造成三甘醇的离化，产生分子片段或者离子化的片段，从而与溶液中其他原子或分子发生反应诱导相转变或将能量传递给其他相连接的分子，诱导纳米材料的生长。在电子束辐照条件下，三甘醇主要分解为 CH_3O 和 C_2H_4O 片段，从而诱导和调控纳米晶的相转变；而激光束辐照条件下，三甘醇主要是离子化，且吸收能量后将能量转移到其他分子上，造成其他分子的断裂，促进新材料的合成。

第6章

激光束烧蚀选择性氮掺杂石墨烯

6.1 本章引言

石墨烯具有高的比表面积、高的热导率、易于功能化等优势，从而吸引大量研究者的兴趣[234]。例如，石墨烯中引入氮（N）、硼（B）、磷（P）、硫（S）等杂原子，影响原始石墨烯中碳的电子分布及电子结构，导致电化学特性发生变化[235-237]。其中，氮掺杂石墨烯后，影响碳原子的自旋密度和电荷分布，为碳表层引入"活性区"[238]，该"活性区"的引入可直接有效地提升石墨烯催化性能，使得氮掺杂石墨烯在电催化[235,239]、生物传感器[240]、场效应晶体管[241]、锂离子电池[242,243]和超电容[244]等领域具有广泛的应用。此外，氮掺杂石墨烯可以作为基底材料负载其他催化剂并提高催化性能，如在电催化产氢（HER）中，氮掺杂石墨烯可以引起金属原子与 C-N 之间的相互作用，从而有效提升 HER 活性[245,246]。

氮掺杂石墨烯中，氮元素在碳晶格中通常有 3 种键位配置：吡啶氮、石墨氮、吡咯氮[238,247]，其模型如图 6-1 所示。理论计算研究表明，氮掺杂石墨烯中吡啶氮的存在可以有效提升催化剂对活性氢的吸附，从而提升 HER 催化性能[248]。但是高吡啶氮含量的氮掺杂石墨烯的合成方法普遍存在步骤多、高温或反应时间较长等问题。

图 6-1　氮掺杂主要的 3 种碳氮键的模型

激光法是一种简单、绿色的合成方法，除了用于光诱导化学反应合成纳米材料，在原子掺杂方面也具有独特的优势，如利用 CO_2 红外激光器辐照含有硼酸的高分子片，一步法合成硼掺杂的多孔石墨烯，有效提高其超级电容的性能[249]。组里之前报道利用激光两步法制备高吡啶氮的氮掺杂石墨烯，有效提升其氧化还原反应（ORR）性能[250]。

在本章，我们以不同类型的石墨烯为碳源，以氨水、三聚氰胺等作为氮源，采用激光法诱导石墨烯的价键断裂，诱导石墨烯的氮掺杂，最终实现高吡啶氮掺杂的氮含量，并探索吡啶氮含量较高的氮掺杂石墨烯对 HER 性能提升的影响。该研究有利于理解氮掺杂（氧化）石墨烯作为催化剂或者基底在 HER 和其他催化反应中的活性位点问题，并为其应用提供理论基础。

6.2　实验部分

6.2.1　激光法氮掺杂还原氧化石墨烯

1 mL 聚乙烯吡咯烷酮（PVP）包裹的还原氧化石墨烯（PVP-r-GO）与 15 mL 蒸馏水混合，超声 0.5 h；3 mg 还原的氧化石墨烯（r-GO）粉末与 15 mL 氨水混合，超声 1 h。波长为 1 064 nm 的纳秒激光辐照混合悬浊液。蒸馏水多次清洗，离心后，60 ℃环境下进行干燥。

6.2.2　激光法氮掺杂氧化石墨烯粉末

3 mg 氧化石墨烯（GO）粉末与 15 mL 氨水溶液混合，超声 1 h；22.5 mg 氧化石墨烯和 45 mL 饱和三聚氰胺的去离子水溶液混合，超声 0.5 h。波长为 1 064 nm 的纳秒激光辐照石英管中的混合悬浊液，其反应装置如图 6-2 所示。离心并使用蒸馏水多次清洗，最后使用冻干机冻干样品。

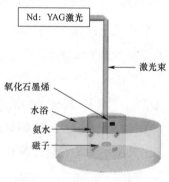

图 6-2　实验装置示意图

6.2.3　水热法氮掺杂石墨烯

20 mg 氧化石墨烯与 30 mL 蒸馏水混合，加入 1 mL 氨水和 0.4 mL 的水合肼。在 95 ℃条件下反应 3 h。将溶液离心并用去离子水清洗 3 次。

将离心后的样品与 30 mL 氨水混合，在聚四氟乙烯内胆的反应釜中 150 ℃温度下反应 12 h。离心并使用去离子水多次清洗，使用冻干机冻干样品，得到水热法合成的氮掺杂石墨烯（H-GO）。

6.2.4　电化学性能测试

采用三电极系统进行电解水产氢性能测试，工作电极是玻碳电极（直径为 3 mm，面积约为 7.065 mm^2），对电极是石墨电极，参比电极是 KCl 饱和溶液的 Ag/AgCl 电极。电解液为 0.5 M H_2SO_4 溶液，测试前通氮气 30 min 或以上，排出电解液中的氧气。同时，测试过程中保持氮气的不断通入。

电极溶液是由 2 mg 催化剂与 300 μL 去离子水、100 μL 异丙醇、8 μL 全氟磺酸溶液构成的混合溶液，超声直至得到分散均匀的电极溶液。取 3 μL 电极溶液，滴到玻碳电极上（大约负载了 0.015 mg 的催化剂），并自然晾干，等待测试使用。

6.3　结果与讨论

我们以 PVP-r-GO、r-GO 或 GO 作为碳源，用氨水、三聚氰胺等作为氮源，在不同的激光参数条件下辐照前驱体悬浊液，合成氮掺杂的石墨烯，用于 HER 性能测试。

6.3.1　激光束烧蚀选择性氮掺杂还原的氧化石墨烯溶液

以 PVP-r-GO 为氮源，分别在不同的激光能量、氨水原料比例和激光辐照时间条件下进行掺杂反应。通过 HER 性能测试确定最优的反应条件。

首先，选取不同的激光能量进行实验。以 PVP-r-GO 的水溶液与氨水体积比为 1∶15，激光作用时间为 30 min，不同的脉冲激光能量分别为 150 mJ、200 mJ、250 mJ 和 300 mJ 的条件下进行掺杂实验，所得产物的透射结果如图 6-3 所示。当激光脉冲能量较低为 150 mJ 时，石墨烯的形貌基本没有改变，保持二维片层结构；而随着激光能量的增加，石墨烯形貌被破坏越来越严重；在 200 mJ 脉冲能量下，石墨烯中存在少量被破坏的现象；而在 300 mJ 能量下，部分石墨已经无法保持二维结构。

对不同激光能量条件下得到的石墨烯产物在酸性电解液（0.5 M H_2SO_4）中进行 HER 性能测试，其结果如图 6-4 所示。图中线性扫描伏安曲线（LSV 曲线）中，

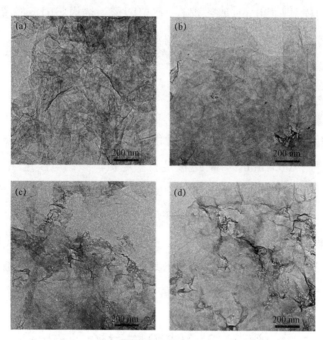

图 6-3　不同的激光脉冲能量条件下得到的产物的 TEM 图片：
（a）150 mJ；（b）200 mJ；（c）250 mJ；（d）300 mJ

在电流密度 10 mA/cm² 处，250 mJ 脉冲能量条件下，过电位最低，性能最好；而 200 mJ 和 300 mJ 脉冲能量条件下的产物性能略差；150 mJ 脉冲能量条件下的产物性能最差。说明随着激光脉冲能量的增加，不仅增加石墨烯的氮掺杂量，提高其对于活性 H^* 的吸附，同时也破坏石墨烯结构，降低电子传输能力，影响 HER 性能。因此，需要协调氮掺杂和结构破坏两个因素，选择掺杂量较高，而电子传输没有降低性能的实验参数。在当前实验条件下，激光脉冲能量选择 250 mJ。

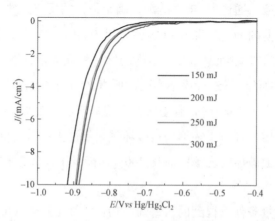

图 6-4　不同激光脉冲能量下所得产物的 LSV 曲线

然后，选取不同的 PVP-r-GO 溶液和氨水的体积比进行实验。以激光脉冲能量为 250 mJ，激光作用时间为 30 min，不同的 PVP-r-GO 溶液和氨水体积比分别为 1∶10、1∶15 和 1∶20 条件下进行实验，所得产物的透射表征结果如图 6-5 所示。当氨水溶液比例较低时，部分石墨烯依然保持着原始形貌，无被作用迹象；随着氨水体积增加，石墨烯被破坏越来越严重；当 PVP-r-GO 溶液和氨水体积比达到 1∶20 时，大量石墨烯结构被破坏，片层结构难以维持。

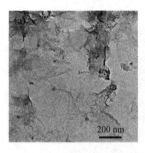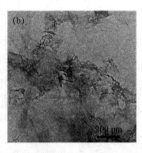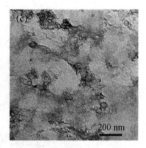

图 6-5　不同的 PVP-r-GO 溶液和氨水体积比条件下所得产物的 TEM 图片：
（a）1∶10；（b）1∶15；（c）1∶20

　　对不同 PVP-r-GO 溶液和氨水体积比例条件下所得的产物在酸性电解液（0.5 M H$_2$SO$_4$）中进行 HER 性能测试，其结果如图 6-6 所示。LSV 曲线中，在电流密度 10 mA/cm^2 处，1∶15 的 PVP-r-GO 溶液和氨水体积比条件下，过电位最低，性能最好。说明在当前实验条件下，PVP-r-GO 溶液和氨水体积比为 1∶10 时，掺杂量较低，影响 HER 性能；而 PVP-r-GO 溶液和氨水体积比为 1∶20 时，石墨烯结构被破坏严重，影响 HER 性能；当 PVP-r-GO 溶液和氨水体积比为 1∶15 时，石墨烯的掺杂与破坏的协调性最好，因此选择原料比为 1∶15 的混合溶液进行石墨烯掺杂。

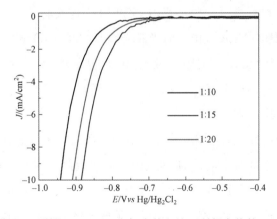

图 6-6　不同 PVP-r-GO 和氨水体积比下所得产物的 LSV

最后，选择不同的激光辐照时间进行实验。以 PVP-r-GO 溶液和氨水体积比为 1∶15，激光脉冲能量为 250 mJ，不同的激光辐照时间分别为 15 min、30 min、60 min 和 90 min 条件下进行实验，所得产物的透射表征结果如图 6-7 所示。当激光作用时间较短（15 min）时，样品被少量破坏；而随着激光作用时间增加，石墨烯被破坏的面积也随之增加。

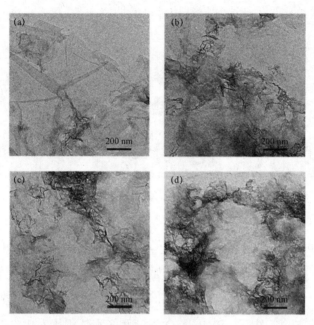

图 6-7　不同激光辐照时间条件下所得产物的 TEM 图片：
（a）15 min；（b）30 min；（c）60 min；（d）90 min

对不同激光辐照时间条件下所得的产物在酸性电解液（0.5 M H$_2$SO$_4$）中进行 HER 测试，其结果如图 6-8 所示。LSV 曲线中，在电流密度 10 mA/cm^2 处，辐照 30 min 的条件下，过电位最低，性能最好。说明在当前实验条件下，激光辐照 15 min 时，掺杂量较少，影响 HER 性能；而当激光辐照时间为 60 min 或 90 min 时，激光辐照导致电子传输受影响，同时随着激光辐照时间的增加，产物溶解于溶液中的量越来越多，导致产物难以分离，产物的质量逐渐减少。因此，选择激光辐照时间 30 min 作为后续实验参数。

综合上述几个实验，激光作用的几个不同参数需要协调进行，以增加石墨烯的氮掺杂量，提高催化剂对于活性 H* 的吸附，同时也降低对石墨烯结构的破坏。选择 PVP-r-GO 和氨水体积比为 1∶15，激光脉冲能量为 250 mJ，激光辐照时间为 30 min 为后续实验条件，为方便表述，将该条件下合成的材料命名为 L-PVP-r-GO。

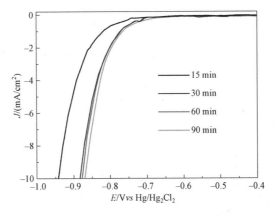

图 6-8　不同激光辐照时间下所得产物的 LSV

对 L-PVP-r-GO 进行进一步的详细表征，研究其掺杂的量、掺杂方式等信息。

首先，对产物进行 XRD 表征，以验证是否可能存在氮掺杂，结果如图 6-9 所示。图中原料 PVP-r-GO 有两个峰，分别位于 15° 和 21.5°，激光作用后，两个峰均明显减弱，且位于 15° 的峰轻微左移且宽化。峰位左移及宽化的原因可能是激光辐照及氮元素的掺杂均破坏石墨烯结构，引起层间距变化，但石墨烯的周期性依然保持。

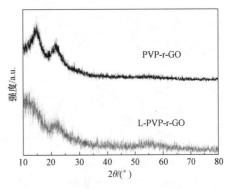

图 6-9　原料 PVP-r-GO 及产物 L-PVP-r-GO 的 XRD 表征

为了表征氨水样品中氮含量和氮掺杂类型，对原料及产物进行 XPS 表征，其结果如图 6-10 所示。图 6-10a 为原料和激光作用后产物的总谱，其中原料 PVP-r-GO 中 C、N、O 三种元素的原子百分比分别为 81.02%、5.32% 和 12.57%；而产物 L-PVP-r-GO 中 C、N、O 三种元素的原子百分比分别为 78.94%、3.67% 和 16.21%。激光作用后产物 L-PVP-r-GO 的碳元素和氮元素比例减少，氧元素的比例增大，可能是由于激光辐照下石墨烯结构部分被破坏，导致原料表面包裹的 PVP 也被部分破坏或者脱离石墨烯，从而减少了产物中碳元素和氮元素的含量。

对氮元素进行高分辨 XPS 表征及分峰，分析氮元素的类型，结果如图 6-10b 和图 6-10c 所示。图 6-10b 为原料 PVP-r-GO 的 XPS 高分辨 N 1s 谱，其中吡啶氮、吡咯氮和石墨氮的原子百分比分别为 16%、72% 和 12%。而图 6-10c 为产物 L-PVP-r-GO 的 XPS 高分辨 N 1s 谱，其中吡啶氮、吡咯氮和石墨氮的原子百分比分别为 21%、73% 和 6%。对比两种材料中氮种类的比例，产物中吡啶氮比例增加，而石墨氮比例减少，但是，在原料与产物中，吡咯氮的比例均为最高，达到 70% 以上。

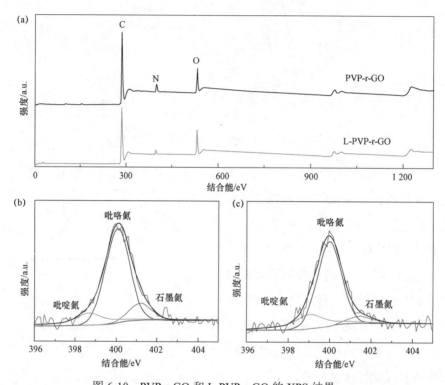

图 6-10 PVP-r-GO 和 L-PVP-r-GO 的 XPS 结果：
（a）总谱；（b）PVP-r-GO 的 N 1s 谱图；（c）L-PVP-r-GO 的 N 1s 谱图

为了探究产物 L-PVP-r-GO 中掺杂的氮元素主要来自 PVP 还是氨水，对 PVP-r-GO 原料在不同溶液中进行辐照，测试其 HER 性能，选择水和乙醇两种溶液作为对比样品，产物的 TEM 结果如图 6-11 所示。PVP-r-GO 与溶剂的体积比为 1∶15，激光脉冲能量为 250 mJ，激光辐照 PVP-r-GO 的水溶液的时间为 30 min，而由于乙醇的挥发性过强，激光辐照 PVP-r-GO 的乙醇溶液的时间仅为 5 min。图中激光辐照乙醇和氨水溶液中的 PVP-r-GO，石墨烯的形貌仍为多孔片层结构；在水溶液中，石墨烯被辐照部位出现大量片层结构被破坏的现象。

将原料 PVP-r-GO 和在不同溶剂中激光辐照的产物在酸性电解液（0.5 M H_2SO_4）中进行 HER 性能测试，其 LSV 结果如图 6-12 所示。图中在氨水和乙醇溶液中的产物的性能相对较好，且两种溶剂中得到的产物的性能相似，说明在氨水溶液中得到的产物 L-PVP-r-GO 中的氮主要来源于 PVP 而不是氨水；或者在几种产物

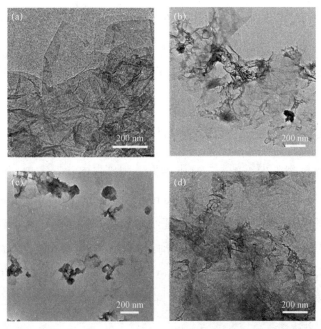

图 6-11　在不同溶剂中的激光产物的 TEM 结果：
（a）原料；（b）乙醇中的产物；（c）水中的产物；（d）氨水中的产物

中均没有实现有效的氮掺杂，只是对石墨烯的二维结构产生一定的破坏，暴露出更多活性 C，同时对表面修饰的 PVP 进行一定改性，从而提高了产物的性能。在水溶液中，产物的性能相比原料略有提升，但是比氨水和乙醇溶液中所得的产物低，可能是由反应过程中产物被激光破坏过于严重引起的。

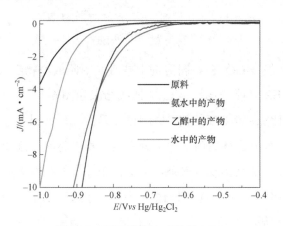

图 6-12　不同溶剂中产物的 LSV

原料 PVP-r-GO 中，PVP 对于氮元素的掺杂影响太大，PVP 的包裹阻止了氨水溶液与石墨烯的相互作用，而且 PVP 中氮元素主要是以吡咯氮形式存在，吡咯氮比例过高，同时 PVP 中氮元素的存在阻碍判断石墨烯是否被成功氮掺杂，以及对于研究吡啶氮掺杂对石墨烯 HER 性能的影响的干扰太大，不利于研究的进行，因此需要选择不带 PVP 的石墨烯为碳源，后续实验中选择还原石墨烯粉末（r-GO）为碳源进行研究。

6.3.2 激光束烧蚀选择性氮掺杂还原石墨烯粉末

以还原石墨烯粉末作为碳源，氨水作为氮源进行氮掺杂石墨烯的研究。以脉冲能量为 225 mJ 的激光辐照前驱体溶液 20 min。分别对 r-GO 在氨水和去离子水溶剂经激光辐照后的产物进行研究，TEM 表征结果如图 6-13 所示。图 6-13a 为原料 r-GO 的 TEM 图片，r-GO 具有完整的片层结构；图 6-13b 为激光辐照 r-GO 与氨水的混合溶液的产物，图 6-13c 为激光辐照 r-GO 与去离子水的混合溶液的产物，r-GO 在不同溶剂中被激光辐照后大部分依然保持片层结构，少部分位置的片层结构被破坏，产生一些孔洞。

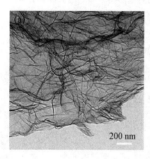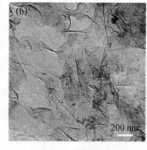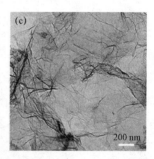

图 6-13　不同溶剂中所得产物的 TEM 表征：
（a）原料；（b）氨水中的产物；（c）水中的产物

对原料 r-GO 及 r-GO 在不同溶剂中被激光辐照的产物在酸性电解液（0.5 M H_2SO_4）中进行 HER 性能测试，其 LSV 曲线结果如图 6-14 所示。激光辐照后产物的 HER 过电位均比原料 r-GO 的差，原因可能是激光辐照破坏了石墨烯的结构，降低电子传输能力，而由于石墨烯结构十分完美，难以与氮源连接，石墨烯吸收的激光难以传递给氮源，难以实现氮掺杂，从而降低了 HER 性能；或激光辐照实现了少量掺杂，但是结构破坏而引起的传输电子能力降低对性能的降低远大于掺杂对活性 H^* 吸附性能的提升。

总之，以 r-GO 为碳源进行氮掺杂，由于 r-GO 结构过于完美而难以与碳源发生价键，r-GO 吸收的激光难以传递给氮源实现有效的氮掺杂，或者难以实现大量的氮掺杂，而且激光引起的石墨烯结构的破坏导致激光辐照后的产物的 HER 过电位变差。因此，选择带有一定官能团修饰的石墨烯即氧化石墨粉末（GO）为碳源，进行后续的氮掺杂研究。

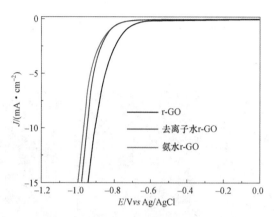

图 6-14　不同溶剂中产物的 HER 性能表征

6.3.3　激光束烧蚀选择性氮掺杂氧化石墨烯

以氧化石墨烯为碳源，氨水或三聚氰胺为氮源，激光辐照前驱体溶液进行氮掺杂石墨烯实验，并进行 HER 性能测试。

首先，选取不同的激光能量进行实验。以 3 mg 的 GO 与 15 mL 氨水溶液的混合溶液为前驱体，激光辐照时间为 20 min，激光脉冲能量分别为 150 mJ、225 mJ 和 300 mJ 的条件下进行实验，所得产物的 TEM 结构如图 6-15 所示。图 6-42a 中 150 mJ 脉冲能量下，石墨烯二维片层结构几乎没有变化；而图 6-15b 中 225 mJ 脉冲能量下，石墨烯依然维持二维片层结构，但是片层上出现一些孔洞；图 6-15c 中 300 mJ 脉冲能量下，石墨烯几乎被全部破坏，而且产物的产量极低，大约 30 mg 原料 GO，在激光辐照结束后仅可以离心出 1～2 mg 的产物。对原料 GO 及以上 3 种在不同激光能量辐照下的产物在酸性电解液（0.5 M H_2SO_4）中进行 HER 测试，其 LSV 和塔菲尔曲线结果如图 6-15d 和图 6-15e 所示。图中 225 mJ 脉冲能量的激光辐照下，产物过电位性能明显提升，而其他两个条件下，产物过电位性能与原料相似，塔菲尔斜率也有相似的情况。原因可能是：在每脉冲为 150 mJ 的低能量激光辐照下，激光对石墨烯的作用十分微弱，几乎没有改变石墨烯原料，没有实现有效的掺杂；而在每脉冲为 300 mJ 的高能量激光辐照下，激光能量过高导致石墨烯片层被严重破坏，同时碳原子被大量取代，导致其电子的传输能力大幅度下降，从而降低其催化性能；而每脉冲为 225 mJ 能量激光辐照下，石墨烯中氮的掺杂量对电子传输能力的降低远低于掺杂对活性 H* 吸附性能的提升。因此选择每脉冲激光能量为 225 mJ 作为实验条件。为方便后期表述，将 3 mg 的 GO 与 15 mL 氨水为前驱体，每脉冲激光能量为 225 mJ，激光辐照时间为 20 min 条件下得到的产物命名为 L-GO。

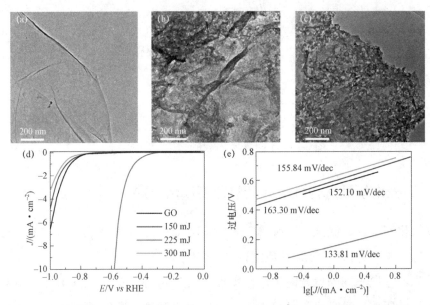

图 6-15　不同脉冲激光能量下产物的 TEM 图片及其在 0.5 M H₂SO₄ 中的 HER 性能：
（a）150 mJ；（b）225 mJ；（c）300 mJ；（d）LSV；（e）塔菲尔曲线（其线条颜色与（d）对应）

为了探究 L-GO 中是否实现氮掺杂，对其进行 STEM 及相应的 EDS 面扫、EDS 能谱和 EELS 谱测试，结果如图 6-16 所示。图 6-16a 中 L-GO 的 STEM 图像说明产物依然保持二维片状结构；图 6-16b 为 C 元素的面分布，图 6-16c 为 O 元素的面分布，图 6-16d 为 N 元素的面分布，说明 3 种元素在石墨烯中分布较均匀。图 6-16e 为 EDS 谱图，图中 N 元素的位置有一个小峰，说明 L-GO 中含 N 元素。C、O、N 三种元素的原子比例分别为 60.7%、36.02% 和 3.28%，虽然能谱难以定量测定元素含量，但是，约 3% 的氮元素原子比例说明石墨烯中存在氮元素。图 6-16f 的 EELS 谱中 N 元素的 k 边和 O 元素的 k 边都明显存在。其中 N 元素的 k 边中，位于 401 eV 的峰位对应于 N 的 π*键，而位于 410 eV 的峰位对应于 N 的 σ*键，进一步证明 L-GO 中存在 N 元素。

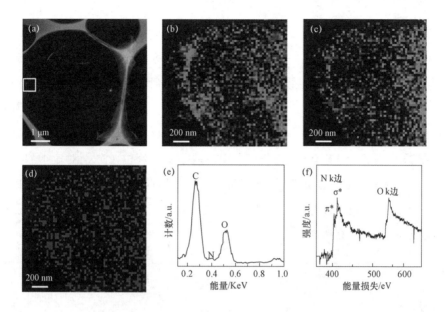

图 6-16　L-GO 产物的表征：
（a）STEM 图；（b）C 的面扫；（c）O 的面扫；（d）N 的面扫；（e）EDS 能谱图；（f）EELS 谱图

为表征 L-GO 的厚度，对其进行 AFM 测试，结果如图 6-17 所示，左图为 AFM 图片，图中 L-GO 为片层结构，图中实线表明厚度测量区域，测量结果如右图所示，产物 L-GO 的厚度约为 4.5 nm，而单层石墨烯的厚度约为 1 nm，因此 L-GO 是多层石墨烯结构。

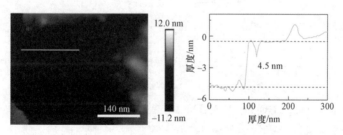

图 6-17　L-GO 的 AFM 图片及测试结果

综合上述表征能够确定，氮元素被成功地引入到氧化石墨烯的片层结构中。为进一步表征 N 元素的存在形式，对样品进行了 X 射线光电子能量谱（XPS）和 X 射线光吸收谱（XAS）测试，结果如图 6-18 和图 6-19 所示。

图 6-18 为 GO 和 L-GO 的 XPS 表征结果。图 6-18a 为 XPS 总谱，其中 GO 中 C 和 O 元素的原子百分比为 68.98% 和 31.02%，而 L-GO 中 C、N 和 O 元素的原子百分比为 67.78%、3.57% 和 27.65%。L-GO 中明显存在 N 峰，L-GO 中 N 元素的原子百分比 3.57%，与 EDS 能谱的结果一致。图 6-18b 为 N 元素的 1s 高分辨谱，图

中 GO 中没有氮元素的存在，而在 L-GO 中明显存在氮元素。对 L-GO 的 N 峰进行分峰，吡啶氮、吡咯-乙腈氮、石墨氮分别对应于 398.5 eV、399.7 eV 和 401.2 eV，这 3 种类型的氮对应的原子百分比分别是 51%、30% 和 19%。图 6-18c 是 C 元素的 1s 高分辨峰位，将 GO 中的 3 个峰位分别标记为 C1、C2 和 C3，分别对应着 C-C、C-OH、COOH 三种价键，在激光辐照后的产物 L-GO 中，C2 峰的强度明显下降，同时，在 285.7 eV 和 287.0 eV 处分别出现了两个新的峰位，分别对应于 N-sp^{2}C 和 N—C＝O。图 6-18d 是 O 元素的 1s 峰位，激光作用前后峰位变化不大。XPS 的总谱及高分辨谱证明激光辐照后的产物 L-GO 中存在氮元素，且主要以吡啶氮形式存在，吡啶氮的原子比高达 51%。

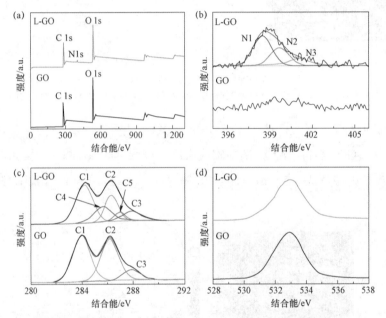

图 6-18　GO 和 L-GO 的光电子能量谱（XPS）表征结果：
（a）总谱；（b）N 1s 谱；（c）C 1s 谱；（d）O 1s 谱

图 6-19 为 GO 和 L-GO 的 XAS 表征结果，图 6-19a 是 XAS 的 N 元素的 k 边，L-GO 中在 400 eV 附近的标记为 N1 和 N2 的两个峰位分别对应于吡啶氮和吡咯-乙腈氮，π*对应的是石墨氮，这个结果与 XPS 结果相一致。在 GO 中，没有明显的吡啶氮和吡咯-乙腈氮对应的峰位。图 6-19b 是 XAS 的 C 元素的 k 边，～285 eV 和～293 eV 的两个峰位对应于 C＝C 键的 π*和 σ*，286.7 eV 的峰位对应于 C-OH 的 π*，288.8 eV 的峰位对应于 C＝O 的 π*。图 6-19c 是 XAS 的 O 元素的 k 边，原料 GO 和产物 L-GO 的峰没有明显的差别。

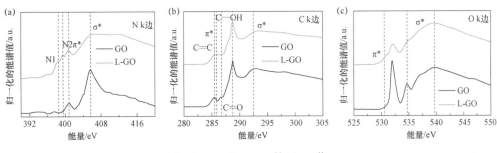

图 6-19　GO 和 L-GO 的 XAS 谱：

（a）N k 边；（b）C k 边；（c）O k 边

XPS 和 XAS 的表征证明 L-GO 中的氮主要以吡啶氮的形式存在，且吡啶氮的原子比高达 51%。

对于激光法选择性掺杂石墨烯的机理，可能是激光局部作用于氧化石墨烯表面，氧化石墨烯吸收激光后，表面的缺陷等位点的电子聚集，导致附近的 C 原子的连接键断裂，而邻近的氨水分子被传递的电子引起价键断裂，与氧化石墨烯形成连接，最终实现石墨烯的选择性氮掺杂。

为说明吡啶氮在 HER 催化中的作用，以水热法合成的氮掺杂石墨烯（H-GO）为对比样品，H-GO 的 TEM 结果如图 6-20 所示。图 6-20a 的低倍 TEM 图中，大量褶皱存在的二维片层结构说明石墨烯保存了完整的结构。图 6-20b 的高倍 TEM 图片说明 H-GO 是多层石墨烯结构，约 10 层。

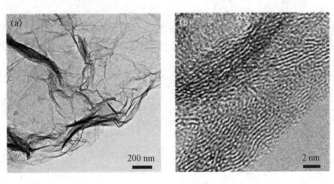

图 6-20　H-GO 的透射表征：

（a）低倍透射图片；（b）高倍透射图片

为表征 H-GO 中是否掺杂氮元素以及氮元素的种类，对 H-GO 进行 XPS 测试，结果如图 6-21 所示。图 6-21a 为 H-GO 的总谱，其中 C、O 和 N 三种元素的原子百分比分别为 78.3%、16.4% 和 5.3%，图中氮元素的峰位十分明显，H-GO 中氮元素的含量高于 L-GO 中的氮元素含量。图 6-21b 为 L-GO 与 H-GO 的 XPS 高分辨 N1s

峰的对比，H-GO 中吡啶氮、吡咯-乙腈氮和石墨氮的原子百分比分别为 28%、51% 和 21%，H-GO 中的氮元素主要以吡咯-乙腈氮的形式存在。最终，H-GO 中吡啶氮的含量约为 1.48%，L-GO 中吡啶氮的含量约为 1.82%，L-GO 中吡啶氮的含量明显高于 H-GO 中的。

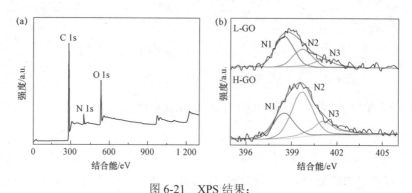

图 6-21　XPS 结果：
（a）H-GO 的 XPS 总谱；（b）L-GO 和 H-GO 的 XPS 的高分辨 N 1s 峰

测试 GO、L-GO 和 H-GO 三个样品在酸性电解液（0.5 M H_2SO_4）中的 HER 性能，其 LSV 曲线和塔菲尔斜率结果如图 6-22 所示。图 6-22a 为 LSV 曲线，在 10 mA/cm² 的电流密度条件下，L-GO 的过电位与 GO 的相比提升超过 400 mV，L-GO 的过电位与 H-GO 的相比提升约 80 mV，H-GO 的过电位与 GO 的相比提升超过 300 mV。H-GO 中氮元素的掺杂量高于 L-GO 中的，而 H-GO 中吡啶氮的含量低于 L-GO 中的，而 L-GO 的过电位比 H-GO 的过电位更优，说明吡啶氮含量的增加明显提升 HER 的过电位。可能是由于吡啶氮含量的提升，有利于对活性氢的吸附，从而提升了电催化性能。图 6-22b 为 3 个样品的塔菲尔斜率曲线，GO 的塔菲尔斜率为 152.10 mV/dec，L-GO 的塔菲尔斜率为 133.81 mV/dec，H-GO 的塔菲尔斜率为 100.56 mV/dec，其中 H-GO 的塔菲尔斜率最低，比 L-GO 的更优。

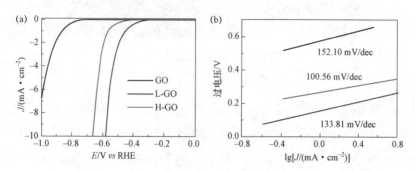

图 6-22　GO、L-GO 和 H-GO 在 0.5 M H_2SO_4 溶液中 HER 性能测试结果：
（a）LSV 曲线；（b）塔菲尔斜率

为了验证激光法掺杂的稳定性，除了使用氨水作为氮源，还尝试使用三聚氰胺为氮源进行氧化石墨烯的氮掺杂。以 15 mL 饱和三聚氰胺的水溶液与 3 mg 氧化石墨烯粉末的混合溶液为前驱体，在激光辐照下进行掺杂实验，实验条件为每脉冲激光能量为 225 mJ，激光辐照时间为 20 min，将激光辐照后的产物命名为 m-L-GO。

m-L-GO 的 TEM 表征和 m-L-GO 在酸性电解液（0.5 M H$_2$SO$_4$）中的 HER 性能的 LSV 曲线如图 6-23 所示。图 6-23a 中的 TEM 图片表明 m-L-GO 依然保持片层结构，但激光辐照区域的石墨烯片层结构被部分破坏。图 6-23b 中 LSV 曲线说明在 10 mA/cm^2 的电流密度下，m-L-GO 的过电位与 GO 相比具有超过 400 mV 的大幅度提升，与氨水中产物 L-GO 的过电位相似。

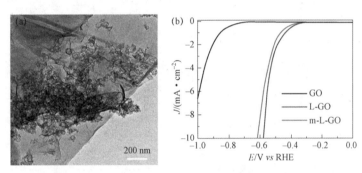

图 6-23　m-L-GO 的测试结果：
（a）透射图片；（b）LSV 曲线

在激光辐照溶液中，以氧化石墨烯为碳源，氨水或者三聚氰胺的饱和水溶液为氮源，能够成功实验石墨烯的选择性氮掺杂，并得到较好的电催化产氢性能。说明激光辐照氧化石墨烯的溶液进行氮掺杂的方法具有普适性和稳定性。

6.4　本章小结

在本章，我们利用激光选择性烧蚀石墨烯，诱导石墨烯的分子断裂及邻近氨原子的掺杂，实现选择性氮掺杂，并有效提升电解水产氢性能。通过辐照不同种类的石墨烯为碳源进行石墨烯的氮掺杂，发现 PVP-r-GO 为原料时，氮源基本来源于 PVP，而 PVP 中高吡咯氮含量干扰吡啶氮的掺杂和定量表征，难以控制产物中氮掺杂的类型；r-GO 为原料时，由于石墨烯结构过于完美，难以与周围氮源连接而无法实现氮掺杂；GO 为原料时，能够有效地利用氧化石墨烯表面的基团，实现石墨烯与氮源的靠近和连接，通过激光作用，实现氨水溶液中高吡啶氮含量的氮掺杂，有效地提升了催化剂对活性氢的吸附，从而提升其 HER 性能。

研究结果说明，除了激光的光效应诱导化学反应合成纳米材料，激光选择性烧蚀法对于掺杂纳米材料具有独特优势。

第7章

总结与展望

7.1 总结

7.1.1 成果

本研究利用电子束和激光束两种载能束的不同效应，诱导和调控纳米材料的转化和生长，对催化剂进行了有效掺杂，得到如下成果。

（1）电子束能够诱导和促进铁氧化物纳米分级结构的形成。通过原位液体透射电镜观察铁氧化物纳米枝晶的生长，发现其尖端曲率和前驱体扩散/耗尽决定了纳米枝晶的生长速率：枝晶分支的尖端曲率越大，纳米枝晶的生长速率越大。枝晶尖端的生长耗尽局部前驱体，导致只有生长较远的尖端可以接触到新的前驱体继续生长。这两种因素共同作用，影响铁氧化物纳米枝晶的生长和形貌。尖端分裂影响枝晶的形貌，而尖端的中心区域和边缘区域的曲率影响纳米枝晶的分裂。该实验结果与理论预测一致。通过观察纳米球粒的生长，建立了生长模型：前期的生长速度线性增长，为反应控制的生长模式；后期可能是过饱和度降低或反应活性升高的反应控制的生长模式，或者扩散控制的生长模式。同时，研究了分级结构的晶体转化过程：非晶铁氧化物逐渐转变为水合三氧化二铁和四氧化三铁的混合，最终转化为四氧化三铁的晶体。研究证明，电子束促进纳米材料的形成，原位液体透射是观察纳米结构转变的有力工具。

（2）利用电子束诱导和调控铅核壳纳米晶的可逆相转变。铅核壳纳米晶的形成和调控可能是由电子束造成的空间电荷极化和局部电场增强引起的。通过原位液体透射电镜观察发现，可逆相转变与电子束能量大小相对应：在能量密度高于 3 000 e/Å²/s 的电子束辐照下，核壳纳米颗粒转变为非晶相；在能量密度低于 1 000 e/Å²/s 的电子束辐照下，非晶相快速转变为核壳纳米颗粒。经计算证明，在铅的可逆相转变中，由三甘醇离子化出来的 CH_3O 片段起到关键作用：在强电子束辐照下，三甘醇离化出来的 CH_3O 倾向于与铅反应，形成一种胶体非晶相；而在较弱电子束辐照下，CH_3O 片段倾向于与 C_2H_4O 结合，形成三甘醇和铅的核壳纳米颗粒。在该研究中，不同电子束强度下，对三甘醇有机溶剂的影响不同，从而诱导了纳米结构的可逆相转变。

（3）利用激光的光效应，合成 Ni、Cu 或 Co 为金属团簇和活性位点的二维金属有机化合物并将其用于二氧化碳光还原。激光辐照前驱体溶液，三甘醇及金属盐吸收激光，诱发离化或还原，并转移给连接的其他分子，最终形成以对苯二甲酸（TPA）为主要有机框架，Ni、Co、Cu 作为金属团簇和活性位点，三甘醇（TEG）作为链状有机分子，部分取代 TPA 结构，N,N-二甲基甲酰胺（DMF）作为溶剂的二维金属有机物片层结构。通过 CO_2 光还原测试，产物主要是液体，乙酸是主要产物，L-Ni（TPA/TEG）具有极高的转化效率，且乙酸的选择性高达 54.55%，实现 C2 产物的高选择性。

（4）利用激光法烧蚀石墨烯，诱导石墨烯的分子断裂、实现选择性氮掺杂，有效提升电解水产氢性能。激光辐照还原石墨烯难以实现氮掺杂，而激光辐照氧化石墨烯粉末和氨水的混合溶液，能够有效地利用氧化石墨烯的官能团与氨水连接，一步法实现高吡啶氮（51%）含量比例的氮掺杂石墨烯，吡啶氮的存在有效地提升了催化剂对活性氢的吸附，从而提升了电催化产氢（HER）性能。

无论是电子束还是激光束，均能起到活化或者激发材料、诱导或促进化学反应的作用，从而促进纳米材料的合成。但是，电子束和激光束与材料相互作用的机制有所差别，且影响因素有所不同。本研究利用电子束和激光束辐照含有三甘醇的盐溶液，两种载能束均可以造成三甘醇的离化，产生分子片段或活性基团，从而改变溶液环境，达到调控或合成纳米材料的目的。但是，两种载能束的作用机理及适用范围存在较大差异，电子束诱导纳米材料生长主要是利用电子束的空间电荷极化和局部电场增强效应，将电能转移给被作用的材料，产生电离和激发，释放出轨道电子，形成自由基。而激光束主要是利用光效应，将光能转移给被作用的材料活化分子，并将能量转移到相连分子上，诱导纳米材料的生长。此外，电子束的极性与材料产生的磁场、电场等相互作用，促进氧化反应和表面原子扩散等。而激光束能够选择性烧蚀，实现掺杂等。

7.1.2 创新点

本研究工作的创新点如下。

（1）首次利用原位液体透射电镜观察电子束诱导和促进二维铁的氧化物的生长和结晶。通过观察纳米枝晶的形成轨迹，探究尖端曲率、前驱体扩散/耗尽与生长速率之间的关系，尖端分裂的机理；通过观察球粒结构的生长，探究第二相形核、前端沉积层对生长的影响，尖端分裂的机理以及生长模型。并对纳米分级结构的晶相转变过程进行探究。

（2）首次利用原位液体透射电镜观察电子束诱导和可控调节铅核壳纳米颗粒的可逆相转变，提出并验证其转化机理，并将这种可逆相转变推广到其他条件，如电化学等，为催化等过程中纳米材料的相转变的理解提供新的思路。

（3）利用激光的光效应，通过激光光化学法合成 Ni、Co、Cu 基二维金属有机框架结构，该催化剂具有极高的二氧化碳光还原效率，并实现乙酸 C2 液体产物的高选择性的转化。

（4）利用激光选择性烧蚀法辐照氧化石墨烯和氨水的混合溶液，一步法在石墨烯中实现高吡啶氮的掺杂，吡啶氮的原子比高达 51%，有效地提升了电催化产氢性能。

7.2 展 望

虽然本研究获得了一些阶段性的工作成果，但仍存在一些问题有待进一步研究和解决。

（1）原位液体电镜观察电子束诱导和促进铁氧化物纳米分级结构的生长与结晶，将枝晶的生长机理扩展到了纳米尺度，并提出球粒结构的生长模型，下一步的研究重点是将该机理推广到分级纳米结构的合成与设计。

（2）原位液体电镜观察电子束诱导和调控铅核壳纳米晶的可逆相转变，提出新的转变机理，为相转变提供了一定的参考，下一步的研究重点是对研究体系的扩展及转化机理的进一步验证。

（3）利用激光法的光化学法合成二维片层结构在光催化还原二氧化碳方面具有极大优势，下一步的研究重点是二维片层物相和结构的表征，以及催化机理的分析和验证。

（4）利用激光烧蚀法选择性掺杂具有极大优势，下一步的研究重点是将该方法推广到多种材料或多种元素的掺杂。

　　不同材料在电子束或激光束的作用下，由于电子束与激光束不同的极性特征，会在不同材料体系中引起不同的电场效应、热效应，因此应对不同材料体系分别进行电子束或激光束激发，系统、深入、全面研究其相关合成、生长过程，以提出系统前沿理论。

参考文献

[1] Onoe J, Nakayama T, Aono M, et al. Structural and electrical properties of an electron-beam-irradiated C60 film[J]. Applied Physics Letters, 2003, 82(4): 595-597.

[2] Niu K Y, Zheng H M, Li Z Q, et al. Laser dispersion of detonation nanodiamonds[J]. Angewandte Chemie International Edition, 2011, 50(18): 4099-4102.

[3] Williams D B, Carter C B. The transmission electron microscope[M]. Berlin: Springer, 1996.

[4] Harutyunyan A R, Chen G, Paronyan T M, et al. Preferential growth of single-walled carbon nanotubes with metallic conductivity[J]. Science, 2009, 326(5949): 116-120.

[5] Kim B, Tersoff J, Kodambaka S, et al. Kinetics of individual nucleation events observed in nanoscale vapor-liquid-solid growth[J]. Science, 2008, 322(5904): 1070-1073.

[6] Zheng H, Smith R K, Jun Y W, et al. Observation of single colloidal platinum nanocrystal growth trajectories[J]. Science, 2009, 324(5932): 1309-1312.

[7] Liao H-G, Cui L, Whitelam S, et al. Real-time imaging of Pt_3Fe nanorod growth in solution[J]. Science, 2012, 336(6084): 1011-1014.

[8] Evans J E, Jungjohann K L, Browning N D, et al. Controlled growth of nanoparticles from solution with in situ liquid transmission electron microscopy[J]. Nano Letters, 2011, 11(7): 2809-2813.

[9] Zheng H, Claridge S A, Minor A M, et al. Nanocrystal diffusion in a liquid thin film observed by in situ transmission electron microscopy[J]. Nano Letters, 2009, 9(6): 2460-2465.

[10] Williamson M, Tromp R, Vereecken P, et al. Dynamic microscopy of nanoscale cluster growth at the solid-liquid interface[J]. Nature Materials, 2003, 2(8): 532-536.

[11] White E R, Singer S B, Augustyn V, et al. In situ transmission electron microscopy of lead dendrites and lead ions in aqueous solution[J]. ACS Nano, 2012, 6(7): 6308-6317.

[12] Gu M, Parent L R, Mehdi B L, et al. Demonstration of an electrochemical liquid cell for operando transmission electron microscopy observation of the lithiation/ delithiation behavior of Si nanowire battery anodes[J]. Nano Letters, 2013, 13(12): 6106-6112.

[13] Chen X, Noh K, Wen J, et al. In situ electrochemical wet cell transmission electron microscopy characterization of solid-liquid interactions between Ni and aqueous NiCl$_2$[J]. Acta Materialia, 2012, 60(1): 192-198.

[14] Mirsaidov U, Ohl C-D, Matsudaira P. A direct observation of nanometer-size void dynamics in an ultra-thin water film[J]. Soft Matter, 2012, 8(27): 7108-7111.

[15] White E R, Mecklenburg M, Singer S B, et al. Imaging nanobubbles in water with scanning transmission electron microscopy[J]. Applied Physics Express, 2011, 4(5): 055201.

[16] Li D, Nielsen M H, Lee J R, et al. Direction-specific interactions control crystal growth by oriented attachment[J]. Science, 2012, 336(6084): 1014-1018.

[17] Huang T-W, Liu S-Y, Chuang Y-J, et al. Dynamics of hydrogen nanobubbles in KLH protein solution studied with in situ wet-TEM[J]. Soft Matter, 2013, 9(37): 8856-8861.

[18] Proetto M T, Rush A M, Chien M-P, et al. Dynamics of soft nanomaterials captured by transmission electron microscopy in liquid water[J]. Journal of the American Chemical Society, 2014, 136(4): 1162-1165.

[19] De Jonge N, Peckys D B, Kremers G, et al. Electron microscopy of whole cells in liquid with nanometer resolution[J]. Proceedings of the National Academy of Sciences, 2009, 106(7): 2159-2164.

[20] Mirsaidov U M, Zheng H, Casana Y, et al. Imaging protein structure in water at 2.7 nm resolution by transmission electron microscopy[J]. Biophysical Journal, 2012, 102(4): L15-L17.

[21] Evans J E, Jungjohann K L, Wong P C, et al. Visualizing macromolecular complexes with in situ liquid scanning transmission electron microscopy[J].

Micron, 2012, 43(11): 1085-1090.

[22] Abrams I, McBain J. A closed cell for electron microscopy[J]. Journal of Applied Physics, 1944, 15(8): 607-609.

[23] Marton L. Electron microscopy of biological objects[J]. Physical Review, 1934, 46(6): 527-528.

[24] Yuk J M, Park J, Ercius P, et al. High-resolution EM of colloidal nanocrystal growth using graphene liquid cells[J]. Science, 2012, 336(6077): 61-64.

[25] Buxton G V, Mulazzani Q G, Ross A B. Critical review of rate constants for reactions of transients from metal ions and metal complexes in aqueous solution[J]. Journal of Physical and Chemical Reference Data, 1995, 24(3): 1055-1349.

[26] Dispenza C, Grimaldi N, Sabatino M A, et al. Radiation-engineered functional nanoparticles in aqueous systems[J]. Journal of Nanoscience and Nanotechnology, 2015, 15(5): 3445-3467.

[27] Pastina B, LaVerne J A. Scavenging of the precursor to the hydrated electron by the selenate ion[J]. The Journal of Physical Chemistry A, 1999, 103(1): 209-212.

[28] Woehl T, Abellan P. Defining the radiation chemistry during liquid cell electron microscopy to enable visualization of nanomaterial growth and degradation dynamics[J]. Journal of Microscopy, 2017, 265(2): 135-147.

[29] Sutter E, Jungjohann K, Bliznakov S, et al. In situ liquid-cell electron microscopy of silver-palladium galvanic replacement reactions on silver nanoparticles[J]. Nature Communications, 2014, 5: 4946.

[30] Bogle K, Dhole S, Bhoraskar V. Silver nanoparticles: synthesis and size control by electron irradiation[J]. Nanotechnology, 2006, 17(13): 3204-3208.

[31] Pattabi M, Pattabi R M, Sanjeev G. Studies on the growth and stability of silver nanoparticles synthesized by electron beam irradiation[J]. Journal of Materials Science: Materials in Electronics, 2009, 20(12): 1233-1238.

[32] Balezin M, Bazarnyi V, Karbovnichaya E, et al. Application of nanosecond electron beam for production of silver nanopowders[J]. Nanotechnologies in Russia, 2011, 6(11-12): 757-762.

[33] Gachard E, Remita H, Khatouri J, et al. Radiation-induced and chemical formation of gold clusters[J]. New Journal of Chemistry, 1998, 22(11): 1257-1265.

[34] He L, Zhou R, Xin L, et al. Synthesis of nickel nano-particles by EB irradiation[J]. Journal of Radiation Research and Radiation Processing, 2005, 23(1): 6-10.

[35] Lin X, Zhou R, Zhang J, et al. A novel one-step electron beam irradiation method for synthesis of Ag/Cu$_2$O nanocomposites[J]. Applied Surface Science, 2009, 256(3): 889-893.

[36] Woehl T J, Evans J E, Arslan I, et al. Direct in situ determination of the mechanisms controlling nanoparticle nucleation and growth[J]. ACS Nano, 2012, 6(10): 8599-8610.

[37] Abellan P, Woehl T, Parent L, et al. Factors influencing quantitative liquid (scanning) transmission electron microscopy[J]. Chemical Communications, 2014, 50(38): 4873-4880.

[38] Wang M, Park C, Woehl T J. Quantifying the nucleation and growth kinetics of electron beam nanochemistry with liquid cell scanning transmission electron microscopy[J]. Chemistry of Materials, 2018, 30(21): 7727-7736.

[39] Powers A S, Liao H-G, Raja S N, et al. Tracking nanoparticle diffusion and interaction during self-assembly in a liquid cell[J]. Nano Letters, 2017, 17(1): 15-20.

[40] Liao H-G, Zherebetskyy D, Xin H, et al. Facet development during platinum nanocube growth[J]. Science, 2014, 345(6199): 916-919.

[41] Park J, Elmlund H, Ercius P, et al. 3D structure of individual nanocrystals in solution by electron microscopy[J]. Science, 2015, 349(6245): 290-295.

[42] Myikyita M Y, Romanova L, Zavyilopulo A, et al. Electron impact ionization of ethylene glycol molecule[J]. Ukrainion Journal of Physics, 2011, 56(2): 116-121.

[43] Mostafavi M, Dey G, Francois L, et al. Transient and stable silver clusters induced by radiolysis in methanol[J]. The Journal of Physical Chemistry A, 2002, 106(43): 10184-10194.

[44] Soroushian B, Lampre I, Belloni J, et al. Radiolysis of silver ion solutions in ethylene glycol: solvated electron and radical scavenging yields[J]. Radiation Physics and Chemistry, 2005, 72(2-3): 111-118.

[45] Belloni J. Nucleation, growth and properties of nanoclusters studied by radiation chemistry: application to catalysis[J]. Catalysis Today, 2006, 113(3-4): 141-156.

[46] Maiman T. Stimulated optical radiation in ruby[J]. Nature, 1960, 187: 493-494.

[47] Zeng H, Du X W, Singh S C, et al. Nanomaterials via laser ablation/irradiation in liquid: a review[J]. Advanced Functional Materials, 2012, 22(7): 1333-1353.

[48] Yamanouchi K. The next frontier[J]. Science, 2002, 295(5560): 1659-1660.

[49] Chakraborty S, Sakata H, Yokoyama E, et al. Laser-induced forward transfer technique for maskless patterning of amorphous V_2O_5 thin film[J]. Applied Surface Science, 2007, 254(2): 638-643.

[50] Hashida M, Mishima H, Tokita S, et al. Non-thermal ablation of expanded polytetrafluoroethylene with an intense femtosecond-pulse laser[J]. Optics Express, 2009, 17(15): 13116-13121.

[51] Fojtik A, Henglein A. Laser ablation of films and suspended particles in a solvent: formation of cluster and colloid solutions[J]. Berichte der Bunsen-Gesellschaft, 1993, 97(2): 252-254.

[52] Neddersen J, Chumanov G, Cotton T M. Laser ablation of metals: a new method for preparing SERS active colloids[J]. Applied Spectroscopy, 1993, 47(12): 1959-1964.

[53] Pyatenko A, Shimokawa K, Yamaguchi M, et al. Synthesis of silver nanoparticles by laser ablation in pure water[J]. Applied Physics A, 2004, 79(4-6): 803-806.

[54] Mafuné F, Kohno J, Takeda Y, et al. Structure and stability of silver nanoparticles in aqueous solution produced by laser ablation[J]. The Journal of Physical Chemistry B, 2000, 104(35): 8333-8337.

[55] Mafuné F, Kohno J, Takeda Y, et al. Formation and size control of silver nanoparticles by laser ablation in aqueous solution[J]. The Journal of Physical Chemistry B, 2000, 104(39): 9111-9117.

[56] Mafuné F, Kohno J, Takeda Y, et al. Formation of gold nanoparticles by laser ablation in aqueous solution of surfactant[J]. The Journal of Physical Chemistry B, 2001, 105(22): 5114-5120.

[57] Mafuné F, Kohno J, Takeda Y, et al. Full physical preparation of size-selected gold nanoparticles in solution: laser ablation and laser-induced size control[J]. The Journal of Physical Chemistry B, 2002, 106(31): 7575-7577.

[58] Mafune F, Kohno J, Takeda Y, et al. Formation of stable platinum nanoparticles by

laser ablation in water[J]. The Journal of Physical Chemistry B, 2003, 107(18): 4218-4223.

[59] Takeuchi Y, Ida T, Kimura K. Colloidal stability of gold nanoparticles in 2-propanol under laser irradiation[J]. The Journal of Physical Chemistry B, 1997, 101(8): 1322-1327.

[60] Sylvestre J-P, Kabashin A V, Sacher E, et al. Stabilization and size control of gold nanoparticles during laser ablation in aqueous cyclodextrins[J]. Journal of the American Chemical Society, 2004, 126(23): 7176-7177.

[61] Mafuné F, Kohno J, Takeda Y, et al. Dissociation and aggregation of gold nanoparticles under laser irradiation[J]. The Journal of Physical Chemistry B, 2001, 105(38): 9050-9056.

[62] Mafuné F, Kohno J, Takeda Y, et al. Nanoscale soldering of metal nanoparticles for construction of higher-order structures[J]. Journal of the American Chemical Society, 2003, 125(7): 1686-1687.

[63] Satoh N, Hasegawa H, Tsujii K, et al. Photoinduced coagulation of Au nanocolloids[J]. The Journal of Physical Chemistry, 1994, 98(8): 2143-2147.

[64] Aguirre C M, Moran C E, Young J F, et al. Laser-induced reshaping of metallodielectricnanoshells under femtosecond and nanosecond plasmon resonant illumination[J]. The Journal of Physical Chemistry B, 2004, 108(22): 7040-7045.

[65] Link S, Burda C, Nikoobakht B, et al. Laser-induced shape changes of colloidal gold nanorods using femtosecond and nanosecond laser pulses[J]. The Journal of Physical Chemistry B, 2000, 104(26): 6152-6163.

[66] Bosbach J, Martin D, Stietz F, et al. Laser-based method for fabricating monodisperse metallic nanoparticles[J]. Applied Physics Letters, 1999, 74(18): 2605-2607.

[67] Niu K, Yang J, Kulinich S, et al. Morphology control of nanostructures via surface reaction of metal nanodroplets[J]. Journal of the American Chemical Society, 2010, 132(28): 9814-9819.

[68] Niu K-Y, Yang J, Sun J, et al. One-step synthesis of MgO hollow nanospheres with blue emission[J]. Nanotechnology, 2010, 21(29): 295604.

[69] Lin F, Yang J, Lu S-H, et al. Laser synthesis of gold/oxide nanocomposites[J].

Journal of Materials Chemistry, 2010, 20(6): 1103-1106.

[70] Niu K, Yang J, Kulinich S, et al. Hollow nanoparticles of metal oxides and sulfides: fast preparation via laser ablation in liquid[J]. Langmuir, 2010, 26(22): 16652-16657.

[71] Drmosh Q, Gondal M, Yamani Z, et al. Spectroscopic characterization approach to study surfactants effect on ZnO_2 nanoparticles synthesis by laser ablation process[J]. Applied Surface Science, 2010, 256(14): 4661-4666.

[72] Liu P, Cao Y, Cui H, et al. Micro-and nanocubes of silicon with zinc-blende structure[J]. Chemistry of Materials, 2008, 20(2): 494-502.

[73] Liu P, Cao Y, Wang C, et al. Micro-and nanocubes of carbon with C8-like and blue luminescence[J]. Nano Letters, 2008, 8(8): 2570-2575.

[74] Liu P, Cao Y, Chen X, et al. Trapping high-pressure nanophase of Ge upon laser ablation in liquid[J]. Crystal Growth and Design, 2008, 9(3): 1390-1393.

[75] Petersen S, Barcikowski S. In situ bioconjugation: single step approach to tailored nanoparticle-bioconjugates by ultrashort pulsed laser ablation[J]. Advanced Functional Materials, 2009, 19(8): 1167-1172.

[76] Petersen S, Barchanski A, Taylor U, et al. Penetratin-conjugated gold nanoparticles-design of cell-penetrating nanomarkers by femtosecond laser ablation[J]. The Journal of Physical Chemistry C, 2011, 115(12): 5152-5159.

[77] Petersen S, Barcikowski S. Conjugation efficiency of laser-based bioconjugation of gold nanoparticles with nucleic acids[J]. The Journal of Physical Chemistry C, 2009, 113(46): 19830-19835.

[78] Stelzig S H, Menneking C, Hoffmann M S, et al. Compatibilization of laser generated antibacterial Ag-and Cu-nanoparticles for perfluorinated implant materials[J]. European Polymer Journal, 2011, 47(4): 662-667.

[79] Zeng H, Cai W, Li Y, et al. Composition/structural evolution and optical properties of ZnO/Zn nanoparticles by laser ablation in liquid media[J]. The Journal of Physical Chemistry B, 2005, 109(39): 18260-18266.

[80] Zeng H, Duan G, Li Y, et al. Blue luminescence of ZnO nanoparticles based on non-equilibrium processes: defect origins and emission controls[J]. Advanced Functional Materials, 2010, 20(4): 561-572.

[81] Zeng H, Yang S, Xu X, et al. Dramatic excitation dependence of strong and stable blue luminescence of ZnO hollow nanoparticles[J]. Applied Physics Letters, 2009, 95(19): 191904.

[82] Siskova K, Vlcková B, Turpin P-Y, et al. Laser ablation of silver in aqueous solutions of organic species: probing Ag nanoparticle-adsorbate systems evolution by surface-enhanced raman and surface plasmon extinction spectra[J]. The Journal of Physical Chemistry C, 2011, 115(13): 5404-5412.

[83] Yang S, Cai W, Liu G, et al. From nanoparticles to nanoplates: preferential oriented connection of Ag colloids during electrophoretic deposition[J]. The Journal of Physical Chemistry C, 2009, 113(18): 7692-7696.

[84] Šišková K, Vlckova B, Turpin P, et al. Ion-specific effects on laser ablation of silver in aqueous electrolyte solutions[J]. The Journal of Physical Chemistry C, 2008, 112(12): 4435-4443.

[85] Amendola V, Polizzi S, Meneghetti M. Free silver nanoparticles synthesized by laser ablation in organic solvents and their easy functionalization[J]. Langmuir, 2007, 23(12): 6766-6770.

[86] Singh S, Gopal R. Zinc nanoparticles in solution by laser ablation technique[J]. Bulletin of Materials Science, 2007, 30(3): 291-293.

[87] Dolgaev S, Simakin A, Voronov V, et al. Nanoparticles produced by laser ablation of solids in liquid environment[J]. Applied Surface Science, 2002, 186(1-4): 546-551.

[88] Baladi A, Mamoory R S. Investigation of different liquid media and ablation times on pulsed laser ablation synthesis of aluminum nanoparticles[J]. Applied Surface Science, 2010, 256(24): 7559-7564.

[89] Zhang X, Zeng H, Cai W. Laser power effect on morphology and photoluminescence of ZnO nanostructures by laser ablation in water[J]. Materials Letters, 2009, 63(2): 191-193.

[90] Singh S. Effect of oxygen injection on the size and compositional evolution of ZnO/Zn(OH)$_2$ nanocomposite synthesized by pulsed laser ablation in distilled water[J]. Journal of Nanoparticle Research, 2011, 13(9): 4143-4152.

[91] Singh S C, Gopal R. Drop shaped zinc oxide quantum dots and their self-assembly

into dendritic nanostructures: liquid assisted pulsed laser ablation and characterizations [J]. Applied Surface Science, 2012, 258(7): 2211-2218.

[92] Singh S C, Gopal R. Laser irradiance and wavelength-dependent compositional evolution of inorganic ZnO and ZnOOH/organic SDS nanocomposite material[J]. The Journal of Physical Chemistry C, 2008, 112(8): 2812-2819.

[93] Singh S, Gopal R. Synthesis of colloidal zinc oxide nanoparticles by pulsed laser ablation in aqueous media[J]. Physica E: Low-dimensional Systems and Nanostructures, 2008, 40(4): 724-730.

[94] Singh S, Swarnkar R, Gopal R. Synthesis of titanium dioxide nanomaterial by pulsed laser ablation in water[J]. Journal of Nanoscience and Nanotechnology, 2009, 9(9): 5367-5371.

[95] Nikolov A, Atanasov P, Milev D, et al. Synthesis and characterization of TiO_x nanoparticles prepared by pulsed-laser ablation of Ti target in water[J]. Applied Surface Science, 2009, 255(10): 5351-5354.

[96] Huang C-N, Bow J-S, Zheng Y, et al. Nonstoichiometric titanium oxides via pulsed laser ablation in water[J]. Nanoscale Research Letters, 2010, 5(6): 972-985.

[97] Takada N, Sasaki T, Sasaki K. Synthesis of crystalline TiN and Si particles by laser ablation in liquid nitrogen[J]. Applied Physics A, 2008, 93(4): 833-836.

[98] Golightly J S, Castleman A. Analysis of titanium nanoparticles created by laser irradiation under liquid environments[J]. The Journal of Physical Chemistry B, 2006, 110(40): 19979-19984.

[99] Singh S, Swarnkar R, Gopal R. Laser ablative approach for the synthesis of cadmium hydroxide-oxide nanocomposite[J]. Journal of Nanoparticle Research, 2009, 11(7): 1831-1838.

[100] Singh S C, Gopal R. Nanoarchitectural evolution from laser-produced colloidal solution: growth of various complex cadmium hydroxide architectures from simple particles[J]. The Journal of Physical Chemistry C, 2010, 114(20): 9277-9289.

[101] Yang J, Ling T, Wu W-T, et al. A top-down strategy towards monodisperse colloidal lead sulphide quantum dots[J]. Nature Communications, 2013, 4: 1695.

[102] Singh S, Mishra S, Srivastava R, et al. Optical properties of selenium quantum

dots produced with laser irradiation of water suspended Se nanoparticles[J]. The Journal of Physical Chemistry C, 2010, 114(41): 17374-17384.

[103] Zeng H, Yang S, Cai W. Reshaping formation and luminescence evolution of ZnO quantum dots by laser-induced fragmentation in liquid[J]. The Journal of Physical Chemistry C, 2011, 115(12): 5038-5043.

[104] Yamada K, Tokumoto Y, Nagata T, et al. Mechanism of laser-induced size-reduction of gold nanoparticles as studied by nanosecond transient absorption spectroscopy[J]. The Journal of Physical Chemistry B, 2006, 110(24): 11751-11756.

[105] Muto H, Miyajima K, Mafune F. Mechanism of laser-induced size reduction of gold nanoparticles as studied by single and double laser pulse excitation[J]. The Journal of Physical Chemistry C, 2008, 112(15): 5810-5815.

[106] Werner D, Furube A, Okamoto T, et al. Femtosecond laser-induced size reduction of aqueous gold nanoparticles: in situ and pump-probe spectroscopy investigations revealing Coulomb explosion[J]. The Journal of Physical Chemistry C, 2011, 115(17): 8503-8512.

[107] Kazakevich P, Simakin A, Voronov V, et al. Laser induced synthesis of nanoparticles in liquids[J]. Applied Surface Science, 2006, 252(13): 4373-4380.

[108] Yang G. Laser ablation in liquids: applications in the synthesis of nanocrystals[J]. Progress in Materials Science, 2007, 52(4): 648-698.

[109] Nichols W T, Sasaki T, Koshizaki N. Laser ablation of a platinum target in water. I. Ablation mechanisms[J]. Journal of Applied Physics, 2006, 100(11): 114911.

[110] Nichols W T, Sasaki T, Koshizaki N. Laser ablation of a platinum target in water. II. Ablation rate and nanoparticle size distributions[J]. Journal of Applied Physics, 2006, 100(11): 114912.

[111] Nichols W T, Sasaki T, Koshizaki N. Laser ablation of a platinum target in water. III. Laser-induced reactions[J]. Journal of Applied Physics, 2006, 100(11): 114913.

[112] Sakka T, Iwanaga S, Ogata Y H, et al. Laser ablation at solid-liquid interfaces: an approach from optical emission spectra[J]. The Journal of Chemical Physics, 2000, 112(19): 8645-8653.

[113] Yang L, May P W, Yin L, et al. Ultra fine carbon nitride nanocrystals synthesized by laser ablation in liquid solution[J]. Journal of Nanoparticle Research, 2007, 9(6): 1181-1185.

[114] Thareja R, Shukla S. Synthesis and characterization of zinc oxide nanoparticles by laser ablation of zinc in liquid[J]. Applied Surface Science, 2007, 253(22): 8889-8895.

[115] Liu P, Cai W, Zeng H. Fabrication and size-dependent optical properties of FeO nanoparticles induced by laser ablation in a liquid medium[J]. The Journal of Physical Chemistry C, 2008, 112(9): 3261-3266.

[116] Zeng H, Li Z, Cai W, et al. Microstructure control of Zn/ZnO core/shell nanoparticles and their temperature-dependent blue emissions[J]. The Journal of Physical Chemistry B, 2007, 111(51): 14311-14317.

[117] Zeng H, Xu X, Bando Y, et al. Template deformation-tailored ZnO nanorod/ nanowire arrays: full growth control and optimization of field-emission[J]. Advanced Functional Materials, 2009, 19(19): 3165-3172.

[118] Liu Q, Wang C, Yang G. Formation of silver particles and silver oxide plume nanocomposites upon pulsed-laser induced liquid-solid interface reaction[J]. The European Physical Journal B-Condensed Matter and Complex Systems, 2004, 41(4): 479-483.

[119] Simakin A, Voronov V, Kirichenko N, et al. Nanoparticles produced by laser ablation of solids in liquid environment[J]. Applied Physics A, 2004, 79(4-6): 1127-1132.

[120] Tsuji T, Tsuboi Y, Kitamura N, et al. Microsecond-resolved imaging of laser ablation at solid-liquid interface: investigation of formation process of nano-size metal colloids[J]. Applied Surface Science, 2004, 229(1-4): 365-371.

[121] Yoo J H, Jeong S, Greif R, et al. Explosive change in crater properties during high power nanosecond laser ablation of silicon[J]. Journal of Applied Physics, 2000, 88(3): 1638-1649.

[122] Phuoc T X, Howard B H, Martello D V, et al. Synthesis of $Mg(OH)_2$, MgO, and Mg nanoparticles using laser ablation of magnesium in water and solvents[J]. Optics and Lasers in Engineering, 2008, 46(11): 829-834.

[123] Werner D, Hashimoto S. Improved working model for interpreting the excitation wavelength-and fluence-dependent response in pulsed laser-induced size reduction of aqueous gold nanoparticles[J]. The Journal of Physical Chemistry C, 2011, 115(12): 5063-5072.

[124] Pyatenko A, Yamaguchi M, Suzuki M. Mechanisms of size reduction of colloidal silver and gold nanoparticles irradiated by Nd: YAG laser[J]. The Journal of Physical Chemistry C, 2009, 113(21): 9078-9085.

[125] Mafuné F, Kohno J, Takeda Y, et al. Formation of gold nanonetworks and small gold nanoparticles by irradiation of intense pulsed laser onto gold nanoparticles[J]. The Journal of Physical Chemistry B, 2003, 107(46): 12589-12596.

[126] Kamat P V, Flumiani M, Hartland G V. Picosecond dynamics of silver nanoclusters. Photoejection of electrons and fragmentation[J]. The Journal of Physical Chemistry B, 1998, 102(17): 3123-3128.

[127] Fujiwara H, Yanagida S, Kamat P V. Visible laser induced fusion and fragmentation of thionicotinamide-capped gold nanoparticles[J]. The Journal of Physical Chemistry B, 1999, 103(14): 2589-2591.

[128] Giusti A, Giorgetti E, Laza S, et al. Multiphoton fragmentation of PAMAM G5-capped gold nanoparticles induced by picosecond laser irradiation at 532 nm [J]. The Journal of Physical Chemistry C, 2007, 111(41): 14984-14991.

[129] Subramanian R, Denney P, Singh J, et al. A novel technique for synthesis of silver nanoparticles by laser-liquid interaction[J]. Journal of Materials Science, 1998, 33(13): 3471-3477.

[130] Fauteux C, Smirani R, Pegna J, et al. Fast synthesis of ZnO nanostructures by laser-induced chemical liquid deposition[J]. Applied Surface Science, 2009, 255(10): 5359-5362.

[131] Hasumura T, Fukuda T, Whitby R L, et al. Low temperature synthesis of iron containing carbon nanoparticles in critical carbon dioxide[J]. Journal of Nanoparticle Research, 2011, 13(1): 53-58.

[132] Liu H, Jin P, Xue Y M, et al. Photochemical synthesis of ultrafine cubic boron nitride nanoparticles under ambient conditions[J]. Angewandte Chemie International Edition, 2015, 54(24): 7051-7054.

[133] Yeo J, Hong S, Wanit M, et al. Rapid, one-step, digital selective growth of ZnO nanowires on 3D structures using laser induced hydrothermal growth[J]. Advanced Functional Materials, 2013, 23(26): 3316-3323.

[134] Nakajima T, Tsuchiya T, Kumagai T. Perfect uniaxial growth of dion-Jacobson perovskite RbLaNb$_2$O$_7$ thin films under pulsed photothermal gradient heating[J]. Crystal Growth & Design, 2010, 10(11): 4861-4867.

[135] Niu K, Xu Y, Wang H, et al. A spongy nickel-organic CO$_2$ reduction photocatalyst for nearly 100% selective CO production[J]. Science Advances, 2017, 3(7): e1700921.

[136] Fleischauer P D, Kan H A, Shepard J R. Quantum yields of silver ion reduction on titanium dioxide and zinc oxide single crystals[J]. Journal of the American Chemical Society, 1972, 94(1): 283-285.

[137] Hada H, Yonezawa Y, Ishino M, et al. Photoreduction of silver ion on the surface of titanium dioxide single crystals[J]. Journal of the Chemical Society, Faraday Transactions 1: Physical Chemistry in Condensed Phases, 1982, 78(9): 2677-2684.

[138] Hada H, Yonezawa Y, Saikawa M. Photoreduction of silver ion in a titanium dioxide suspension[J]. Bulletin of the Chemical Society of Japan, 1982, 55(7): 2010-2014.

[139] Wood A, Giersig M, Mulvaney P. Fermi level equilibration in quantum dot-metal nanojunctions[J]. The Journal of Physical Chemistry B, 2001, 105(37): 8810-8815.

[140] Zhang J, Worley J, Dénommée S, et al. Synthesis of metal alloy nanoparticles in solution by laser irradiation of a metal powder suspension[J]. The Journal of Physical Chemistry B, 2003, 107(29): 6920-6923.

[141] Hada H, Yonezawa Y, Yoshida A, et al. Photoreduction of silver ion in aqueous and alcoholic solutions[J]. The Journal of Physical Chemistry, 1976, 80(25): 2728-2731.

[142] Kurihara K, Kizling J, Stenius P, et al. Laser and pulse radiolytically induced colloidal gold formation in water and in water-in-oil microemulsions[J]. Journal of the American Chemical Society, 1983, 105(9): 2574-2579.

[143] Eustis S, Hsu H-Y, El-Sayed M A. Gold nanoparticle formation from photochemical reduction of Au^{3+} by continuous excitation in colloidal solutions. A proposed molecular mechanism[J]. The Journal of Physical Chemistry B, 2005, 109(11): 4811-4815.

[144] Marciniak B, Buono-Core G E. Photochemical properties of 1, 3-diketonate transition metal chelates[J]. Journal of Photochemistry and Photobiology A: Chemistry, 1990, 52(1): 1-25.

[145] Sakamoto M, Fujistuka M, Majima T. Light as a construction tool of metal nanoparticles: synthesis and mechanism[J]. Journal of Photochemistry and Photobiology C: Photochemistry Reviews, 2009, 10(1): 33-56.

[146] Sakamoto M, Tachikawa T, Fujitsuka M, et al. Acceleration of laser-induced formation of gold nanoparticles in a poly(vinyl alcohol)film[J]. Langmuir, 2006, 22(14): 6361-6366.

[147] Harris J F, Gamow R I. Snake infrared receptors: thermal or photochemical mechanism?[J]. Science, 1971, 172(3989): 1252-1253.

[148] Kraeutler B, Bard A J. Heterogeneous photocatalytic preparation of supported catalysts. Photodeposition of platinum on titanium dioxide powder and other substrates[J]. Journal of the American Chemical Society, 1978, 100(13): 4317-4318.

[149] Bard A J, Fox M A. Artificial photosynthesis: solar splitting of water to hydrogen and oxygen[J]. Accounts of Chemical Research, 1995, 28(3): 141-145.

[150] Kamat P V. Photophysical, photochemical and photocatalytic aspects of metal nanoparticles[J]. The Journal of Physical Chemistry B, 2002, 106(32): 7729-7744.

[151] Tauster S, Fung S, Garten R L. Strong metal-support interactions. Group 8 noble metals supported on TiO_2[J]. Journal of the American Chemical Society, 1978, 100(1): 170-175.

[152] Li X-R, Li X-L, Xu M-C, et al. Gold nanodendrities on graphene oxide nanosheets for oxygen reduction reaction[J]. Journal of Materials Chemistry A, 2014, 2(6): 1697-1703.

[153] Zhang J, Li K, Zhang B. Synthesis of dendritic Pt-Ni-P alloy nanoparticles with enhanced electrocatalytic properties[J]. Chemical Communications, 2015, 51(60):

12012-12015.

[154] Jiang B, Li C, Malgras V, et al. Three-dimensional hyperbranched PdCu nanostructures with high electrocatalytic activity[J]. Chemical Communications, 2016, 52(6): 1186-1189.

[155] Watt J, Cheong S, Toney M F, et al. Ultrafast growth of highly branched palladium nanostructures for catalysis[J]. ACS Nano, 2010, 4(1): 396-402.

[156] Lim B, Jiang M, Camargo P H, et al. Pd-Pt bimetallic nanodendrites with high activity for oxygen reduction[J]. Science, 2009, 324(5932): 1302-1305.

[157] Lim B, Jiang M, Yu T, et al. Nucleation and growth mechanisms for Pd-Pt bimetallic nanodendrites and their electrocatalytic properties[J]. Nano Research, 2010, 3(2): 69-80.

[158] Wen X, Xie Y-T, Mak W C, et al. Dendritic nanostructures of silver: facile synthesis, structural characterizations, and sensing applications[J]. Langmuir, 2006, 22(10): 4836-4842.

[159] Qiu R, Zhang X L, Qiao R, et al. CuNi dendritic material: synthesis, mechanism discussion, and application as glucose sensor[J]. Chemistry of Materials, 2007, 19(17): 4174-4180.

[160] Jia W, Li J, Jiang L. Synthesis of highly branched gold nanodendrites with a narrow size distribution and tunable NIR and SERS using a multiamine surfactant[J]. ACS Applied Materials & Interfaces, 2013, 5(15): 6886-6892.

[161] Liu X, Zhang X, Zhu M, et al. PEGylated Au@Pt nanodendrites as novel theranostic agents for computed tomography imaging and photothermal/radiation synergistic therapy[J]. ACS Applied Materials & Interfaces, 2017, 9(1): 279-285.

[162] Qiu P, Yang M, Qu X, et al. Tuning photothermal properties of gold nanodendrites for in vivo cancer therapy within a wide near infrared range by simply controlling their degree of branching[J]. Biomaterials, 2016, 104: 138-144.

[163] Ma N, Wu F-G, Zhang X, et al. Shape-dependent radiosensitization effect of gold nanostructures in cancer radiotherapy: comparison of gold nanoparticles, nanospikes, and nanorods[J]. ACS Applied Materials & Interfaces, 2017, 9(15): 13037-13048.

[164] Mullins W W, Sekerka R F. Morphological stability of a particle growing by

diffusion or heat flow[J]. Journal of Applied Physics, 1963, 34(2): 323-329.

[165] Mullins W W, Sekerka R. Stability of a planar interface during solidification of a dilute binary alloy[J]. Journal of Applied Physics, 1964, 35(2): 444-451.

[166] Langer J S. Instabilities and pattern formation in crystal growth[J]. Reviews of Modern Physics, 1980, 52(1): 1-28.

[167] Barbieri A, Langer J. Predictions of dendritic growth rates in the linearized solvability theory[J]. Physical Review A, 1989, 39(10): 5314-5325.

[168] Kessler D A, Koplik J, Levine H. Pattern selection in fingered growth phenomena[J]. Advances in Physics, 1988, 37(3): 255-339.

[169] Amar M B, Brener E. Theory of pattern selection in three-dimensional nonaxisymmetric dendritic growth[J]. Physical Review Letters, 1993, 71(4): 589-592.

[170] Plapp M, Karma A. Multiscale random-walk algorithm for simulating interfacial pattern formation[J]. Physical Review Letters, 2000, 84(8): 1740-1743.

[171] Asta M, Hoyt J, Karma A. Calculation of alloy solid-liquid interfacial free energies from atomic-scale simulations[J]. Physical Review B, 2002, 66(10): 100101.

[172] Liu S, Napolitano R, Trivedi R. Measurement of anisotropy of crystal-melt interfacial energy for a binary Al-Cu alloy[J]. Acta Materialia, 2001, 49(20): 4271-4276.

[173] Magill J, Plazek D. Physical properties of aromatic hydrocarbons. II. Solidification behavior of 1, 3, 5-tri-α-naphthylbenzene[J]. The Journal of Chemical Physics, 1967, 46(10): 3757-3769.

[174] Magill J. Review spherulites: a personal perspective[J]. Journal of Materials Science, 2001, 36(13): 3143-3164.

[175] Hutter J L, Bechhoefer J. Morphology transitions in diffusion-and kinetics-limited solidification of a liquid crystal[J]. Physical Review E, 1999, 59(4): 4342-4352.

[176] Hutter J L, Bechhoefer J. Banded spherulitic growth in a liquid crystal[J]. Journal of Crystal Growth, 2000, 217(3): 332-343.

[177] Muthukumar M. Commentary on theories of polymer crystallization[J]. The European Physical Journal E: Soft Matter and Biological Physics, 2000, 3(2):

199-202.

[178] Gránásy L, Pusztai T, Tegze G, et al. Growth and form of spherulites[J]. Physical Review E, 2005, 72(1): 011605.

[179] Ferrone F A, Hofrichter J, Sunshine H R, et al. Kinetic studies on photolysis-induced gelation of sickle cell hemoglobin suggest a new mechanism[J]. Biophysical Journal, 1980, 32(1): 361-380.

[180] Ferrone F A, Hofrichter J, Eaton W A. Kinetics of sickle hemoglobin polymerization: Ⅱ. A double nucleation mechanism[J]. Journal of Molecular Biology, 1985, 183(4): 611-631.

[181] Samuel R E, Salmon E, Briehl R W. Nucleation and growth of fibres and gel formation in sickle cell haemoglobin[J]. Nature, 1990, 345(6278): 833-835.

[182] Aaronson H, Spanos G, Masamura R, et al. Sympathetic nucleation: an overview[J]. Materials Science and Engineering: B, 1995, 32(3): 107-123.

[183] Galkin O, Vekilov P G. Mechanisms of homogeneous nucleation of polymers of sickle cell anemia hemoglobin in deoxy state[J]. Journal of Molecular Biology, 2004, 336(1): 43-59.

[184] Liang W-I, Zhang X, Bustillo K, et al. In situ study of spinel ferrite nanocrystal growth using liquid cell transmission electron microscopy[J]. Chemistry of Materials, 2015, 27(23): 8146-8152.

[185] Kurz W, Fisher D. Dendrite growth at the limit of stability: tip radius and spacing[J]. Acta Metallurgica, 1981, 29(1): 11-20.

[186] Chen Y, Billia B, Li D Z, et al. Tip-splitting instability and transition to seaweed growth during alloy solidification in anisotropically preferred growth direction[J]. Acta Materialia, 2014, 66: 219-231.

[187] Utter B, Ragnarsson R, Bodenschatz E. Alternating tip splitting in directional solidification[J]. Physical Review Letters, 2001, 86(20): 4604-4607.

[188] Tronc E, Belleville P, Jolivet J P, et al. Transformation of ferric hydroxide into spinel by iron(Ⅱ)adsorption[J]. Langmuir, 1992, 8(1): 313-319.

[189] Benner S G, Hansel C M, Wielinga B W, et al. Reductive dissolution and biomineralization of iron hydroxide under dynamic flow conditions[J]. Environmental Science & Technology, 2002, 36(8): 1705-1711.

[190] Hansel C M, Benner S G, Neiss J, et al. Secondary mineralization pathways induced by dissimilatory iron reduction of ferrihydrite under advective flow[J]. Geochimica et Cosmochimica Acta, 2003, 67(16): 2977-2992.

[191] Baumgartner J, Dey A, Bomans P H, et al. Nucleation and growth of magnetite from solution[J]. Nature Materials, 2013, 12(4): 310-314.

[192] Baldi A, Narayan T C, Koh A L, et al. In situ detection of hydrogen-induced phase transitions in individual palladium nanocrystals[J]. Nature Materials, 2014, 13(12): 1143.

[193] Xiao J, Ouyang G, Liu P, et al. Reversible nanodiamond-carbon onion phase transformations[J]. Nano Letters, 2014, 14(6): 3645-3652.

[194] Tao J, Chen J, Li J, et al. Reversible structure manipulation by tuning carrier concentration in metastable Cu_2S[J]. Proceedings of the National Academy of Sciences, 2017, 114(37): 9832-9837.

[195] Yao Y, Huang Z, Xie P, et al. Carbothermal shock synthesis of high-entropy-alloy nanoparticles[J]. Science, 2018, 359(6383): 1489-1494.

[196] Akkerman Q A, Gandini M, Di Stasio F, et al. Strongly emissive perovskite nanocrystal inks for high-voltage solar cells[J]. Nature Energy, 2016, 2(2): 16194.

[197] Liu M, Chen Y, Su J, et al. Photocatalytic hydrogen production using twinned nanocrystals and an unanchored NiS_x co-catalyst[J]. Nature Energy, 2016, 1(11): 16151.

[198] Li C W, Ciston J, Kanan M W. Electroreduction of carbon monoxide to liquid fuel on oxide-derived nanocrystalline copper[J]. Nature, 2014, 508(7497): 504-507.

[199] Peng B, Zhang X, Aarts D G, et al. Superparamagnetic nickel colloidal nanocrystal clusters with antibacterial activity and bacteria binding ability[J]. Nature Nanotechnology, 2018, 13(6): 478-482.

[200] Fernandez-Bravo A, Yao K, Barnard E S, et al. Continuous-wave upconverting nanoparticle microlasers[J]. Nature Nanotechnology, 2018, 13(7): 572-577.

[201] Dai X, Zhang Z, Jin Y, et al. Solution-processed, high-performance light-emitting diodes based on quantum dots[J]. Nature, 2014, 515(7525): 96-99.

[202] González-Rubio G, Díaz-Núñez P, Rivera A, et al. Femtosecond laser reshaping yields gold nanorods with ultranarrow surface plasmon resonances[J]. Science, 2017, 358(6363): 640-644.

[203] Tokel O, Inci F, Demirci U. Advances in plasmonic technologies for point of care applications[J]. Chemical Reviews, 2014, 114(11): 5728-5752.

[204] Banerjee A, Bernoulli D, Zhang H, et al. Ultralarge elastic deformation of nanoscale diamond[J]. Science, 2018, 360(6386): 300-302.

[205] Zhang H, Gilbert B, Huang F, et al. Water-driven structure transformation in nanoparticles at room temperature[J]. Nature, 2003, 424(6952): 1025-1029.

[206] Sun J, He L, Lo Y-C, et al. Liquid-like pseudoelasticity of sub-10-nm crystalline silver particles[J]. Nature Materials, 2014, 13(11): 1007-1012.

[207] He Y, Zhong L, Fan F, et al. In situ observation of shear-driven amorphization in silicon crystals[J]. Nature Nanotechnology, 2016, 11(10): 866-871.

[208] Nolte P, Stierle A, Jin-Phillipp N Y, et al. Shape changes of supported Rh nanoparticles during oxidation and reduction cycles[J]. Science, 2008, 321(5896): 1654-1658.

[209] Hansen P L, Wagner J B, Helveg S, et al. Atom-resolved imaging of dynamic shape changes in supported copper nanocrystals[J]. Science, 2002, 295(5562): 2053-2055.

[210] Ross F M. Opportunities and challenges in liquid cell electron microscopy[J]. Science, 2015, 350(6267): aaa9886.

[211] Veiseh O, Gunn J W, Zhang M. Design and fabrication of magnetic nanoparticles for targeted drug delivery and imaging[J]. Advanced Drug Delivery Reviews, 2010, 62(3): 284-304.

[212] Yu J H, Kwon S-H, Petrášek Z, et al. High-resolution three-photon biomedical imaging using doped ZnS nanocrystals[J]. Nature Materials, 2013, 12(4): 359-366.

[213] Akimov D V, Andrienko O, Egorov N, et al. Synthesis and properties of lead nanoparticles[J]. Russian Chemical Bulletin, 2012, 61(2): 225-229.

[214] Lewis N S, Nocera D G. Powering the planet: chemical challenges in solar energy utilization[J]. Proceedings of the National Academy of Sciences, 2006, 103(43): 15729-15735.

[215] Davis S J, Caldeira K, Matthews H D. Future CO_2 emissions and climate change from existing energy infrastructure[J]. Science, 2010, 329(5997): 1330-1333.

[216] Loarie S R, Duffy P B, Hamilton H, et al. The velocity of climate change[J]. Nature, 2009, 462(7276): 1052-1055.

[217] Allen M R, Frame D J, Huntingford C, et al. Warming caused by cumulative carbon emissions towards the trillionth tonne[J]. Nature, 2009, 458(7242): 1163-1166.

[218] Tokarska K B, Gillett N P, Weaver A J, et al. The climate response to five trillion tonnes of carbon[J]. Nature Climate Change, 2016, 6(9): 851-855.

[219] Feely R A, Sabine C L, Lee K, et al. Impact of anthropogenic CO_2 on the $CaCO_3$ system in the oceans[J]. Science, 2004, 305(5682): 362-366.

[220] Wheeler T, Von Braun J. Climate change impacts on global food security[J]. Science, 2013, 341(6145): 508-513.

[221] Urban M C. Accelerating extinction risk from climate change[J]. Science, 2015, 348(6234): 571-573.

[222] Pal J S, Eltahir E A. Future temperature in southwest Asia projected to exceed a threshold for human adaptability[J]. Nature Climate Change, 2016, 6(2): 197-200.

[223] James R, Otto F, Parker H, et al. Characterizing loss and damage from climate change[J]. Nature Climate Change, 2014, 4(11): 938-939.

[224] Keith D W. Why capture CO_2 from the atmosphere?[J]. Science, 2009, 325(5948): 1654-1655.

[225] Lewis N S. Research opportunities to advance solar energy utilization[J]. Science, 2016, 351(6271): aad1920.

[226] Mikkelsen M, Jørgensen M, Krebs F C. The teraton challenge. A review of fixation and transformation of carbon dioxide[J]. Energy & Environmental Science, 2010, 3(1): 43-81.

[227] White J L, Baruch M F, Pander Ⅲ J E, et al. Light-driven heterogeneous reduction of carbon dioxide: photocatalysts and photoelectrodes[J]. Chemical Reviews, 2015, 115(23): 12888-12935.

[228] Iizuka K, Wato T, Miseki Y, et al. Photocatalytic reduction of carbon dioxide over Ag cocatalyst-loaded $ALa_4Ti_4O_{15}$(A = Ca, Sr, and Ba)using water as a reducing reagent[J]. Journal of the American Chemical Society, 2011, 133(51): 20863-20868.

[229] Habisreutinger S N, Schmidt-Mende L, Stolarczyk J K. Photocatalytic reduction of CO_2 on TiO_2 and other semiconductors[J]. Angewandte Chemie International Edition, 2013, 52(29): 7372-7408.

[230] Gao C, Meng Q, Zhao K, et al. Co_3O_4 hexagonal platelets with controllable facets enabling highly efficient visible-light photocatalytic reduction of CO_2[J]. Advanced Materials, 2016, 28(30): 6485-6490.

[231] Wang S, Yao W, Lin J, et al. Cobalt imidazolate metal-organic frameworks photosplit CO_2 under mild reaction conditions[J]. Angewandte Chemie International Edition, 2014, 53(4): 1034-1038.

[232] Loiudice A, Lobaccaro P, Kamali E A, et al. Tailoring copper nanocrystals towards C2 products in electrochemical CO_2 reduction[J]. Angewandte Chemie International Edition, 2016, 55(19): 5789-5792.

[233] Kuhl K P, Cave E R, Abram D N, et al. New insights into the electrochemical reduction of carbon dioxide on metallic copper surfaces[J]. Energy & Environmental Science, 2012, 5(5): 7050-7059.

[234] Dai L, Xue Y, Qu L, et al. Metal-free catalysts for oxygen reduction reaction[J]. Chemical Reviews, 2015, 115(11): 4823-4892.

[235] Jiao Y, Zheng Y, Jaroniec M, et al. Origin of the electrocatalytic oxygen reduction activity of graphene-based catalysts: a roadmap to achieve the best performance[J]. Journal of the American Chemical Society, 2014, 136(11): 4394-4403.

[236] Paraknowitsch J P, Thomas A. Doping carbons beyond nitrogen: an overview of advanced heteroatom doped carbons with boron, sulphur and phosphorus for energy applications[J]. Energy & Environmental Science, 2013, 6(10): 2839-2855.

[237] Zheng Y, Jiao Y, Jaroniec M, et al. Nanostructured metal-free electrochemical catalysts for highly efficient oxygen reduction[J]. Small, 2012, 8(23): 3550-3566.

[238] Wang H, Maiyalagan T, Wang X. Review on recent progress in nitrogen-doped graphene: synthesis, characterization, and its potential applications[J]. ACS Catalysis, 2012, 2(5): 781-794.

[239] Guo D, Shibuya R, Akiba C, et al. Active sites of nitrogen-doped carbon materials

for oxygen reduction reaction clarified using model catalysts[J]. Science, 2016, 351(6271): 361-365.

[240] Wang Y, Shao Y, Matson D W, et al. Nitrogen-doped graphene and its application in electrochemical biosensing[J]. ACS Nano, 2010, 4(4): 1790-1798.

[241] Wang X, Li X, Zhang L, et al. N-doping of graphene through electrothermal reactions with ammonia[J]. Science, 2009, 324(5928): 768-771.

[242] Reddy A L M, Srivastava A, Gowda S R, et al. Synthesis of nitrogen-doped graphene films for lithium battery application[J]. ACS Nano, 2010, 4(11): 6337-6342.

[243] Wang H, Zhang C, Liu Z, et al. Nitrogen-doped graphenenanosheets with excellent lithium storage properties[J]. Journal of Materials Chemistry, 2011, 21(14): 5430-5434.

[244] Jeong H M, Lee J W, Shin W H, et al. Nitrogen-doped graphene for high-performance ultracapacitors and the importance of nitrogen-doped sites at basal planes[J]. Nano Letters, 2011, 11(6): 2472-2477.

[245] Li Y, Wang H, Xie L, et al. MoS$_2$ nanoparticles grown on graphene: an advanced catalyst for the hydrogen evolution reaction[J]. Journal of the American Chemical Society, 2011, 133(19): 7296-7299.

[246] Lu X, Tan X, Wang D W, et al. Nitrogen doped carbon nanosheets coupled nickel-carbon pyramid arrays toward efficient evolution of hydrogen[J]. Advanced Sustainable Systems, 2017, 1(8): 1700032.

[247] Kong X-K, Chen C-L, Chen Q-W. Doped graphene for metal-free catalysis[J]. Chemical Society Reviews, 2014, 43(8): 2841-2857.

[248] Ito Y, Cong W, Fujita T, et al. High catalytic activity of nitrogen and sulfur co-doped nanoporousgraphene in the hydrogen evolution reaction[J]. Angewandte Chemie, 2015, 127(7): 2159-2164.

[249] Peng Z, Ye R, Mann J A, et al. Flexible boron-doped laser-induced graphene microsupercapacitors[J]. ACS Nano, 2015, 9(6): 5868-5875.

[250] Wang X R, Liu J Y, Liu Z W, et al. Identifying the key role of pyridinic-N-Co bonding in synergistic electrocatalysis for reversible ORR/OER[J]. Advanced Materials, 2018, 30(23): 1800005.